岩质地下工程围岩失稳机制与设计方法研究

丛宇　张黎明　阿比尔的　王在泉　著

中国水利水电出版社
www.waterpub.com.cn

·北京·

内 容 提 要

本书系统介绍了岩质地下工程围岩的失稳机制与设计方法，主要包括岩石卸荷破坏试验及分析、能量演化规律、声发射特征、岩石卸荷 PFC 数值试验及分析，岩质地下工程开挖相似模型试验、离散元试验，岩质地下工程围岩分级方法、设计计算方法等方面的内容。

本书可供从事隧道工程相关的专业人员参考，也可作为采矿工程、水利工程等相关专业师生的教学参考书。

图书在版编目（ＣＩＰ）数据

岩质地下工程围岩失稳机制与设计方法研究 ／ 丛宇
等著. -- 北京 ： 中国水利水电出版社，2019.12
　　ISBN 978-7-5170-8287-3

Ⅰ．①岩… Ⅱ．①丛… Ⅲ．①地下工程－围岩稳定性
－研究 Ⅳ．①TU94②TU457

中国版本图书馆CIP数据核字(2019)第288920号

书　　名	岩质地下工程围岩失稳机制与设计方法研究 YANZHI DIXIA GONGCHENG WEIYAN SHIWEN JIZHI YU SHEJI FANGFA YANJIU
作　　者	丛宇　张黎明　阿比尔的　王在泉　著
出版发行	中国水利水电出版社 （北京市海淀区玉渊潭南路 1 号 D 座　100038） 网址：www. waterpub. com. cn E - mail：sales@ waterpub. com. cn 电话：(010) 68367658（营销中心）
经　　售	北京科水图书销售中心（零售） 电话：(010) 88383994、63202643、68545874 全国各地新华书店和相关出版物销售网点
排　　版	中国水利水电出版社微机排版中心
印　　刷	北京瑞斯通印务发展有限公司
规　　格	184mm×260mm　16 开本　12.25 印张　298 千字
版　　次	2019 年 12 月第 1 版　2019 年 12 月第 1 次印刷
印　　数	0001—1000 册
定　　价	**86.00 元**

前　　言

我国国民经济的持续快速发展对基础工程建设和资源开发显露出前所未有的渴求，隧道工程在其中发挥着举足轻重的作用。在高速铁路方面，如京沪、武广、福厦以及沪汉蓉大通道等；在地铁工程方面，国内已建成超过 600km 的地铁和轻轨，北京、上海、广州等 12 个城市 36 条城市轨道交通线路正在建设。截至 2020 年 4 月，我国已有 43 个城市开通地铁，总轨道交通里程超过 6476km。"十三五"规划纲要更是明确指出继续推进一批重大工程项目的实施，强化基础设施支撑力，进一步增强国家综合实力。但随着深埋隧洞、能源矿山、水利水电、CO_2 储存与城市地铁等工程的发展，我国进入了地下工程围岩失稳灾害高发期。地下工程围岩失稳灾害是干扰正常施工秩序、威胁人员设备安全的重要因素，制约着经济、社会的高效发展。如何应对围岩失稳灾害，已成为当今地下工程及相关领域的关注热点。

弄清岩质地下工程围岩失稳机制成为工程力学界迫切需要解决的问题。一般而言，工程开挖是复杂的加、卸荷过程，应力场不同、开挖过程不同对应着不同的应力路径，不同的变形、破坏机理。地下工程开挖，岩体可能处于多向受压状态或单向受压、受拉状态，因此破坏形式可能表现为剪切破坏或劈裂破坏、拉伸破坏，不同工程加荷与卸荷方向取决于围岩初始应力场与工程形状、方位。

只有弄清复杂加、卸荷路径下岩石的破坏机制，合理确定围岩参数并进而设计合理的地下工程设计计算方法，才能完善和发展岩石力学，才能对工程岩体的强度和变形特征进行合理的预测，才能为岩体工程施工与支护提供合理的建议。

同时由于地下工程岩体的复杂性，试图采用一种理论，解决不同地下工程围岩稳定分析问题是不现实的，岩体理论需要不断地发展与完善，如围岩分级方法确定合理的围岩参数、适应不同地下工程的设计计算方法等。

本书共分为 10 章：第 1 章介绍目前国内外岩质地下工程围岩失稳机制与设计方法的研究进展，并进行归纳总结；第 2 章介绍复杂卸荷路径下岩石破坏试验，并对变形过程进行详细分析；第 3 章、第 4 章分别从能量以及声发射角度探讨卸荷速率、卸荷应力水平、卸荷初始围压、位移控制方式、应力控制方式等因素对岩石卸荷破坏过程的影响；第 5 章介绍岩石失稳破坏颗粒流数值方法，并给出不同因素对不同卸荷路径条件下岩石失稳破坏的细观机制；第 6 章注重从岩体角度介绍地下工程开挖相似模型试验，探讨卸荷开挖围岩失稳破坏过程；第 7 章则从颗粒流细观角度探讨地下工程围岩破坏机制；第 8 章从工程现场出发，修正适用于岩质地下工程的围岩分级方法；第 9 章进一步深化提出岩质地下工程设计计算方法，并应用于青岛地铁和重庆轨道；第 10 章对全书进行总结，并对未来发展进行展望。

本书的编写过程中得到了青岛地铁集团有限公司、重庆市轨道交通（集团）有限公司、莱钢集团莱芜矿业有限公司等的大力支持，研究过程中得到郑颖人教授、冯夏庭教授、王在泉教授等许多专家的指导，同时编写过程中还得到杨林、王怀嘉、张勇、郭徽、丛怡、贤彬、石磊、任明远、赵曼等的帮助，在此表示衷心的感谢。

由于编者经验水平有限，加之时间仓促，书中难免有不少缺点、错误和疏漏。一些意见和建议只是初步探索与思考，有待今后继续完善。不足之处，敬请读者批评指正。

编 者

2019 年 9 月于青岛

目　　录

第1章 概述

1.1 研 究 意 义

20世纪下半叶，我国大型水利水电工程，如三峡工程等的兴建，提出了大量的岩石力学与岩土工程问题，并通过大量的室内与现场试验，在复杂工程开挖、地应力理论等方面都取得了重大进展[1]。进入21世纪，国家经济迅猛发展，并带动相关工程进入高速发展阶段。例如：水利工程方面，三峡大坝长2335m，永久船闸高边坡高达170m，深圳布吉郁南超高型采石场边坡高达160m，澜沧江小湾水电站自然边坡高达1000m，锦屏一级水电站开挖边坡高达540m，墨脱水电站引水隧洞埋深4000m等；隧道工程方面，近几年兴建的高速铁路包括京沪、武广、福厦以及沪汉蓉大通道等有相当高比例的隧洞等；地铁工程方面，国内已建成超过600km的地铁和轻轨，北京、上海、广州等12个城市36条城市轨道交通线路正在建设，多达15个城市的地铁规划得到批复，未来10年城市轨道交通线路总长将达1700km；新兴地下空间应用方面，战略能源储备进入实施阶段，具体有每年多达上千吨的核废料地下储存工程，长期规划的二氧化碳在盐岩中的储存工程等。同时经济的发展也增加了对能源的需求，矿山开挖深度逐渐增加，金属矿山方面，如冬瓜山铜矿主采区深达800～1000m、山东玲珑金矿深达1000m；煤矿方面，如山东巨野煤矿深达1500m等。地下工程与矿业工程的发展以及复杂的地质环境，带来大量的地质灾害问题：自然或人工开挖岩质边坡的稳定、地下隧洞冒顶和垮落、地下洞室对地面建筑物的影响、深部岩爆与矿山冲击地压等，如图1.1所示。

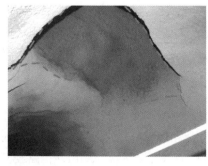

（a）坍塌冒顶　　　　　　　　　　　（b）深部岩爆

图1.1　工程地质灾害图

为解决上述地质灾害，研究岩体的变形破坏特性，弄清工程岩体破坏机制已成为工程力学界迫切需要解决的问题。工程开挖前，围岩处于相对稳定和平衡的应力场；开挖后，围岩在开挖自由面处解除约束，一定范围内应力重分布，围岩在应力作用下出现变形，薄弱处甚至出现局部破坏现象，并可能在此基础上出现工程的整体破坏[3]。一般而言，工程开挖是复杂的加、卸荷过程，应力场不同、开挖过程不同对应着不同的应力路径、变形和破坏机理。地下工程开挖，岩体可能处于多向受压状态或单向受压、受拉状态，因此破坏形式可能表现为剪切破坏或劈裂破坏、拉伸破坏，不同工程的加荷与卸荷方向取决于围岩初始应力场与工程的形状、方位。

同时，由于地下工程岩体的复杂性，基于岩块的破坏机理与强度参数研究不能直接应用到工程岩体中，岩体计算方法和计算参数也受到工程地质环境的制约，难以达到理想的结果，比如围岩地质条件、初始地应力、洞室形状和尺寸、施工方法及时间效应、支护结构型式等因素都会影响围岩稳定。因此，试图采用一种理论，分析解决不同地下工程围岩的稳定问题是不现实的，岩体理论还需要不断地发展与完善，如围岩分级方法、合理围岩参数的确定、适应不同地下工程的设计计算方法等。

只有弄清复杂加、卸荷路径下岩石的破坏机制，合理地确定围岩参数并设计合理的地下工程设计计算方法，才能揭示岩体的力学行为，掌握工程岩体的变形破坏特征，才能对工程岩体的强度和变形特征进行合理的预测，为岩体工程施工与支护提供合理的建议，并进一步发展和完善岩石力学。

1.2　国内外研究现状

岩体加、卸荷破坏现象广泛存在于岩体工程中，工程施工与使用过程中常发生各种岩体破坏问题，因此迫切需要弄清岩体的破坏机制。当前，关于岩石破坏的理论与室内试验研究是岩石力学研究的热点之一。能量法、声发射法、分形法以及数值模拟等研究手段都可见于岩石力学的机理研究。

1.2.1　岩石卸荷破坏试验研究

岩体破坏过程中包含着力学演化机制的重要信息，如应力—应变关系、承载强度以及破坏形式等，通过对破坏过程信息的分析，有利于研究岩体的力学特性。岩石力学起源于采矿工程，直至 20 世纪 70 年代，岩体力学测试技术才得到重大突破，即现场深部岩体应力可用应力解除法得到，同时得益于刚性试验机的出现，室内岩样试验可以测得全应力—应变曲线，从而更深刻地描述岩体的力学特性。

同时，部分学者指出卸荷岩体力学更符合实际工程的力学状态，如哈秋舲、李建林等通过对三峡工程永久船闸高边坡的仿真实验，指出岩体加荷与卸荷的区别：岩体力学参数、受荷应力路径、屈服条件、分析方法等，并提出更符合工程实际力学状态的卸荷岩体力学；Lau Josep S.O. 等也指出加荷试验路径与工程实际不符，采用卸荷路径测定岩石力学参数更为准确。

在卸荷岩体力学的基础上，相关学者对岩石力学参数进行了研究。Shimamoto T. 提出用卸围压试验方法计算岩石不同围压下的摩擦强度；尤明庆等依据大理岩的三轴卸围压试验，分析强度与岩样弱化破坏间的关系，提出以岩样弱化模量来描述表征岩样的强度弱化；高春玉等对取自锦屏水电站边坡的大理岩进行室内三轴卸荷试验，认为大理岩卸荷时变形模量减小，岩样抗压强度减小，黏聚力大幅度减小，但内摩擦角增加量很小；李宏哲、汪斌等同样对锦屏水电站引水隧洞的大理岩进行卸围压破坏试验，发现卸荷后大理岩岩样侧向变形会显著增加，并且增加速率逐渐增大，同时弹性模量降低；苏承东等对大理岩进行不同应变速率的单轴压缩试验，认为大理岩峰值强度与应变速率呈二次多项式相关，弹性模量和峰值应变受应变速率影响不大，泊松比与应变速率呈指数关系；武尚等依据二叠系灰岩的三轴试验，将 15MPa 围压以下的应力—应变曲线划分为孔隙压密、弹性、屈服、软化以及流塑等变形阶段；王鹏等对砂岩进行不同温度等级下的单轴动态压缩试验，得出砂岩 200℃后弹性模量会降低，峰值应变会增大，高于 600℃力学特性会发生显著变化；魏伟等认为风化和蚀变会削弱花岗斑岩的力学特性，呈相应的函数关系降低。

在岩体力学发展的初期，部分学者认为应力路径对破坏过程的影响不明显。如 Crouch、Swanson、陈旦熹、吴玉山等通过室内卸围压三轴试验，研究卸围压的应力路径对岩石强度和变形特征的影响，结果表明卸围压路径对岩石强度影响不明显，但对岩石的变形特征影响明显。随着试验设备与试验手段的提高，学者们逐渐发现应力路径对岩样破坏过程也有影响。如许东俊、尹光志等通过不同应力路径的室内真三轴砂岩、灰岩变形和破坏试验，得到岩石的强度、变形和破坏特征均与应力路径有关的结论，同时也认为任意主应力变化都可能引起岩石变形与破坏；刘立鹏、李新平等对锦屏二级水电站的大理岩进行复杂路径的加卸载试验，结果表明应力路径对应力—应变曲线、强度变形破坏特征、破裂机制以及储能规律都有明显的影响；韩铁林等对砂岩进行不同路径的三轴试验，认为初始轴压与围压影响砂岩的强度变形特征，加载速率影响不明显；陈金锋等对石灰岩碎石填料进行三轴试验，认为变形特性与应力路径相关性很强。

实际上，应力—应变关系作为岩石特定力学状态的描述手段，只是热力学状态某一方面的表征。岩体自身结构不均匀，同时外载极为复杂，导致岩体变形破坏过程是不确定的损伤破坏过程，也就是说局部高应力或者高应变可以使岩体产生损伤、强度丧失，但不一定会导致岩体的整体破坏。因此，单纯依靠应力—应变关系建立强度准则或以其大小作为破坏判据，很难真实反映岩石的破坏规律。从热力学角度可知，能量的变化才是物质物理过程最本质的特征，而物质的破坏不过是能量驱动下的一种状态失稳现象，因此详细分析岩体变形破坏过程中能量的演化规律，就有可能更真实地反映岩体的变形破坏规律。王学滨利用岩石试件直剪试验，推导出基于能量的应变失稳判据，又根据单轴压缩岩样推导出基于能量原理的剪切破坏失稳判据；高红等推导出适合岩土材料的三剪能量准则，并利用岩石真三轴试验进行验证，认为考虑单剪切面的 Mohr - Coulomb 准则要比三剪强度准则更加保守；LI QM 等认为材料黏结强度决定了试样破坏的弹性能密度值，决定了材料的破坏形式，可定义材料的失效准则；苏承东等对损伤试件进行了单轴压缩试验，结果表明三轴压缩过程中试件屈服前能量消耗较少，塑性变形消耗较多能量，塑性变形与耗能具有良好的线性特征；尤明庆等对粉砂岩进行单轴压缩、卸围压试验，并简单分析试验过程中能量的演化规律，认为岩样破裂时实际吸收的能量与破裂所处的围压成线性关系，而试验应力路径对此影响并不是很明显；张志镇等对红砂岩进行不同加载速率下的单轴压缩试验，得到加载过程中能量的演化规律；姜永东等认为煤与瓦斯突出过程中，煤的单位体积弹性能与体应力之间呈幂函数关系；尹土兵等对砂岩进行温—压耦合的冲击试验，认为冲击载荷不变、轴压为 0MPa 时的能量吸收率最大；赵闯等开展循环加卸载试验，结果表明岩石破坏前循环一次的能耗值与损伤变量之间呈近似线性关系，从能量损耗的角度定量分析了岩石疲劳破坏的门槛；刘天为等进行大理岩加载过程能量演化规律分析，结果表明弹性变形阶段岩石吸收的能量占总能量的比重较小，屈服变形阶段耗散能量最多；柴波等分析了巴东组岩石能量的耗散现象，认为沿弱面剪切破坏的能耗最小而楔形剪—张破坏的平均能耗最大；梁昌玉等则认为随着应变率增长，岩石单位体积吸收的总应变能、弹性应变能的增长；SUJATHAL V 和 STEFELER E D 等给出了岩体单元破坏与岩体单元内可释放应变的关系。

1. 2. 2　岩石卸荷破坏声发射特征

岩石破坏过程中以弹性波形式释放出瞬时应变能的现象即为声发射，利用声发射技术可以连续监测岩石内部的损伤变形。岩石变形破坏的过程实际是内部微裂隙萌生、扩展和断裂的过程。岩石的声发射现象与其受力破坏间存在必然的联系。因此，通过对岩体破坏过程中声发射特性的分析，总结声发射特征与岩体力学参数之间的联系，可以反演判断出岩体内部结构的破坏机制，从而预测预报岩体工程破坏失效的前兆。岩石力学工作者借助声发射技术，已经取得了很多的研究成果。

Tang C. A. 等依据声发射原理以及细观损伤力学原理，提出岩石的声发射与损伤之间具有一致性的假设，并在假设的基础上从数值模拟的角度进行探讨；Pestman B. J. 等采用声发射技术对岩石损伤进行研究，并建立应力空间内损伤面的定义，通过声发射活动来表示损伤面上的点；Mansurov V. A. 根据岩体破坏过程的声发射现象预测岩体的破坏类型，系统研究了不同岩石的声发射特征；Holcomb D. J. 等应用 Kaiser 效应原理来评估岩石的围岩应力状态，并应用声发射技术评估岩石的损伤。

李庶林等分析了花岗岩、辉绿岩、灰岩、矿石、片岩等岩石单轴压缩破坏过程的声发射特征；付小敏进行了矽卡岩、闪长岩、粉砂岩等岩石的单轴压缩变形及声发射特性研究；陈景涛分析了三轴压缩试验中花岗岩的声发射特征与变形特征之间的关系；Chang S. H. 等给出了三轴加载条件下岩石的损伤变量；陈忠辉等认为快速卸围压促使声发射率突增；苏承东等对煤样进行三轴加、卸围压试验，以研究不同路径下声发射特征的区别；吴刚和赵震洋分析了三轴应力状态下岩石三种不同卸荷方式的声发射特征；张晖辉等对片麻岩进行三轴循环载荷试验以寻找其破坏前兆的声发射特征；余贤斌等研究了花岗岩在直接拉伸环境下的声发射特性；张黎明等研究了加轴压、卸围压路径下大理岩的声发射特性。

姚强岭等认为含水砂岩声发射计数峰值与应力峰值相对应，随着含水率增加，声发射计数峰值呈现"延迟"特征；王晓南等对不同煤岩组合试样进行了声发射和微震试验，表明试样冲击破坏时的声发射强度与试样的单轴抗压强度、冲击倾向性以及顶板与煤层的高度比值有关；张泽天等探究了直接拉伸荷载作用下煤岩的声发射特征，认为峰后试件振铃计数率和声发射能率阶段性反复升降；孙强等认为岩石脆性破坏与能量释放及物理场参数变化有关,破坏时声发射激增,电磁辐射和红外辐射强度增加;尹光志等对含瓦斯煤岩进行了不同路径的声发射特征试验,表明声发射累积振铃计数曲线斜率从卸围压起始点明显增大,并在失稳破坏处出现拐点,以卸围压起始点为界,声发射幅值曲线呈双峰状态。

纪洪广等以华亭矿区砚北煤矿为研究背景,研究了声发射特征与压力前兆之间的关系,表明两者间呈"升压平静—降压活跃"与"升压降压平静"耦合的模式;宫宇新等通过建立分割短数据的时间/频率分辨率的计算公式并根据大数据的优化原则,提出了时频分析的综合优化算法,表明应用多维度瞬时频率前兆可以更好地描述岩石非线性破坏过程的前兆信息;孙强等认为砂岩脆性破坏前的声发射信息存在"准平静期",平静期的历时与峰值强度历时的比值平均约为 8%,应力—应变曲线峰值拐点的声发射信息损伤值大于 0.9;吴刚等认为 100℃ 和 600℃ 的声发射振铃累计数会发生剧烈变化,因为高温会导致声发射信号的时间有所推迟,且信号增长率会不断上升;赵伏军等采集了花岗岩动静组合载荷试验的声发射数据,表明动载荷、动静组合载荷和静载荷下破碎单位体积岩石释放的声发射累计能量分别为 WD、WS+D、WS 且 WD;许江等研究了不同饱和度下煤岩细观剪切破坏过程中的声发射特征,表明饱和度为 0% 时,破坏时的累计声发射事件数最多,而饱和度为 50% 和 100% 时,裂纹出现在剪应力峰值前,破坏后累计声发射事件数相对较少;孙强等推导出岩石破裂前声发射信号激增的临界点对应的应力和峰值应力比值的表达式,并结合试验认为单轴压缩时岩石脆性破裂对应的比值近似为 74%。

1.2.3 岩石卸荷破坏本构理论

破坏面几何形态是体现岩体破坏形态的重要因素,破坏面的形成与岩体力学演化过程密切相关,破坏面形态包含岩体自身结构性质、岩体的破坏路径以及岩体抗剪强度等重要信息。因此,确定合理描述岩样破坏面的方法与手段,就有可能得到破坏面蕴含的隐藏信息,从而有利于分析岩样的破坏过程。面对破坏面这种复杂又不规则的构型,即使用传统数学方法对其简化和抽象,也显得无能为力,此时分形几何学提供了新的解决思路。分形几何学的研究对象为不规则的几何图形,如弯曲的海岸线、起伏的山脉以及材料的断裂裂纹等。分形维数是分形几何学的重要概念,是描述非规则物理现象的有利工具。

高峰等基于分形理论研究岩石的损伤与破碎,表明岩石的初始损伤与破碎之间存在较强的相关性,通过分析初始缺陷的分布,可以预测岩石破碎的块度分布规律;刘京红等证明岩石类材料内部裂纹扩展过程具有分形特征,从而分析岩石破坏失稳与内部微裂纹产生、扩展的关系;何满潮与李德建等通过对一系列岩爆试验的分析,认为岩爆微粒碎屑具有分形特性,并介绍了粗粒、中粒、细粒以及微粒等不同粒组碎屑的分形研究方法。

孙洪泉等提出改进的自仿射分形插值概念,推导出模拟精度的计算公式,给出由研究对象局部模拟整体的方法;易成等基于分形理论提出描述粗糙表面形貌的新的指标;周宏伟等提出粗糙表面分形维数估算的立方体覆盖法,通过对比三角形棱柱表面积法、投影覆盖法和立方体覆盖法的结果,发现立方体覆盖法的分形维数计算结果更加接近实际;张亚衡等提出粗糙表面分形维数估算的改进立方体覆盖法,通过对比立方体覆盖法和改进立方体覆盖法的估算结果,得出通过改进立方体覆盖法得到的分形维数可以更真实地体现岩石断裂表面的形貌特征;孙辅庭等提出新的基于三维均方根抵抗角的节理面粗糙度分形描述方法，并对天然玄武岩节理和花岗岩张拉型节理进行了分析。

冯增朝、Feranie S 等证明限定区域内岩体裂隙服从分形规律，同时裂隙数量越多，分维值越大，岩体单轴抗压强度的对数值和裂隙分形维数呈负线性关系；李延芥等通过对岩石单轴压缩破坏过程中裂纹分形维数的分析，证明分形维数随岩石裂纹尖端剪应力的增加而增大。黄达、易顺民等通过对单轴、三轴压缩以及卸围压岩样破裂的分形特征分析，认为不同路径下的岩样破裂表现出良好的分形特性：单轴压缩时，分形维数随压力增加而增大；三轴压缩时，不同围压和应变率下的破裂分维值不同；高应力时，卸围压试样碎块仅在小于某一特征尺度范围时才会表现出分形特性，同时卸荷速率增大，分形维数减小；刘京红等建立了声发射参数分形维数计算模型，对单轴压缩下煤岩的声发射特征进行分析，将声发射能量关联维数的持续降低作为煤岩失稳破坏的前兆；曹平等探究不同温度下水岩相互作用对岩石节理表面形貌变化的影响机制。

王其胜等认为静载相同动载不同时，岩石破碎的分维值随应变增大而增大，但在相同冲击动载下，静载荷变化分维值变化不大；单晓云等推导出岩爆块度分布与分形维数的关系式，建立分形维数与爆破参数间的定量关系；刘石等认为岩石分形维数随冲击速度升高呈近似线性正比上升趋势，动态抗压强度随块度分维的增大呈增加趋势。

数值计算技术与方法的发展，为研究处于复杂应力状态和复杂结构形状的工程岩体提供了有效途径，而如何建立描述岩体基本力学行为的模型逐渐成为阻碍岩石力学发展的主要因素。本构模型与强度理论是工程岩体力学状态分析的基础和出发点。岩体本构理论逐渐由弹性理论（Cauchy 弹性模型、Green 模型、次弹性模型、Duncan - Chang 模型、Domaschuk - Valliappan 模型、南京水利科学研究院非线性模型）发展到弹塑性理论（剑桥模型、Lade 模型、Desai 模型、南京水利科学研究院弹塑性模型、后勤工程学院弹塑性模型）、流变理论、损伤理论以及断裂力学等。

受实际工程岩体的不均匀性、非线性以及非连续性影响，岩体在加、卸荷条件下的力学行为有所不同，另外传统力学理论在应用过程中与实际工程存在一定的出入，很难较准确地预测岩体的力学行为，因此卸荷岩体本构理论成为力学研究的热点之一。

周小平依据损伤断裂力学理论建立了卸荷条件下的应力—应变关系，包括线弹性、非线性强化、应力跌落和应变软化四个阶段，并通过理论和试验研究验证出卸荷破坏所需要的应力比连续加荷破坏时小，且卸荷破坏时的变形比连续加荷时大；Cai M 等从统计分析出发，推导出考虑开挖卸荷影响的节理岩体非线性弹性本构模型，并将模型应用于隧洞围岩的力学分析中；刘杰等进行了地质材料模型、石膏模型、砂浆模型的试验，并通过对试验结果进行拟合分析，得出卸荷岩体的增量本构关系。

陈忠辉等基于连续介质损伤力学方法建立了三维各向同性弹脆性本构方程，并探讨卸荷过程中岩样的变形特点、围压效应、强度和脆化特征；G. Wu 等基于扰动状态概念理论建立了能反映岩石卸荷破坏特征的本构模型；刘恩龙等基于二元介质模型对卸荷破坏过程中的岩样进行模拟；颜峰等基于线弹性断裂力学理论建立了裂隙岩体概化模型，并分析裂隙岩体在最小、最大主应力卸荷条件下的应力强度因子与变形特性。

张明等结合统计强度理论和连续损伤理论建立了一种统计损伤本构模型，并通过理论曲线与试验曲线的对比，验证模型的适用性；刘恩龙等引入考虑各向异性影响的破损率和局部应变系数，建立了二元介质本构模型，并给出模型参数的确定方法；卢兴利等依据三轴卸荷试验，建立了卸荷条件下岩石损伤扩容和破裂演化机制的本构模型，并应用于深部巷道围岩的稳定性分析；杨光华等把传统模型中不可恢复的塑性应变增量分解为具有弹性应变性质的弹性部分和纯塑性部分，建立的塑性本构模型合理且简便；陈亮等基于Riemann-Liouville分数阶微积分理论，从经典元件组合的角度建立四元件非线性黏弹塑性流变模型；杨光华等规避传统塑性理论分析中采用的塑性势函数，从广义位势理论出发，建立了一种改进的类剑桥模型；曹瑞琅等认为残余强度逐渐成为影响岩石应力—应变曲线的重要因素，基于Weibull随机分布假设，考虑残余强度对损伤变量的修正，建立了能反映峰后软化特性的三维损伤统计本构模型；谢理想等以朱王唐模型为基础，用损伤体代替弹性元件，建立了一种损伤型黏弹性动态本构模型；王东等从室内单轴和三轴试验出发，将环向应变和剪切应变作为控制参数，从而建立了反映本溪灰岩的本构模型；张振南等在微观层面上将材料视为由随机分布的材料颗粒组成，基于Cauchy-Born规则从超弹理论角度，建立了由微观到宏观的本构方程。

付金伟等采用改进的弹脆性本构方程以及超细单元划分法来模拟不同倾向裂隙的破裂过程和椭圆形三维单裂隙的扩展过程；袁克阔等在子午面上考虑黏聚力，偏平面考虑罗德角，从而建立了包含黏聚力与拉压不等效应的非相关联修正的剑桥本构模型；袁小平等采用二参数Weibull函数模型反映微裂隙分布，并用其来表示含有微裂隙的损伤演化变量，同时用Voyiadjis等效塑性应变的硬化函数来反映其对硬化函数的影响；李亚丽等将非线性弹塑性元件与Burgers模型串联，建立了新的六元件非线性黏弹塑性Burgers蠕变本构模型；宋勇军等将含分数阶微积分的软体元件与弹簧元件串联，同时结合幂函数弹塑性体，提出一种新的四元件非线性黏弹塑性流变模型；曹文贵等假设研究对象抽象为损伤和未损伤两部分组成，从而建立了可以反映岩石破坏后仍具有残余强度特征的新型损伤模型。

1.2.4 岩石卸荷破坏细观模拟

岩体是由天然材料如石头、矿物质与砂砾等组成的非均质复合材料，内部含有丰富的孔洞、裂纹等，物理力学性质差异明显。岩体材料内部非均质的细观结构决定了内部由应力集中引起的微观裂纹的发展，并最终影响材料的破坏形式。目前，研究非均质性对材料力学特性影响的试验设备与试验方法并不成熟，但数值计算理论的发展使力学分析中考虑非均质性的影响成为可能，以数值理论为基础，建立合适的力学模型，从而达到模拟材料力学响应与破坏形式的目的。

颗粒流是颗粒物质在外力作用或者内部作用力影响下形成的类流体运动状态，是研究材料非均质性的重要方法之一。通过模拟一定范围内颗粒多次碰撞，统计分析碰撞过程中颗粒的运动特征量，得到研究对象的应力、速度分布函数以及能量等参量，从而有助于弄清材料的破坏机理。

杜鹃与周喻等将颗粒流程序PFC2D与传统的离散元和有限元方法比较，认为PFC2D可以用来模拟颗粒间的相互作用、大变形甚至于断裂问题；陈建峰等通过黏性土的双轴模拟试验，表明土颗粒间各项细观参数均会影响黏聚力和内摩擦角，尤其是接触强度和颗粒摩擦系数；周健等认为砂土宏观力学特性主要受配位数、颗粒间法向和切向接触力等细观力学参数的影响；唐洪祥等认为研究对象的承载能力、破坏区域与颗粒间的切向与法向刚度、粗糙程度、对象的受力水平有关。

朱焕春、徐金明、倪小东等运用 PFC 模拟矿山开采、石灰岩以及岩体渗透等，表明微观力学参数的选取是颗粒流数值模拟的关键；吴顺川等运用颗粒流模拟卸荷岩爆试验，认为 PFC3D 数值模拟可以部分替代室内试验，且颗粒流模拟方法是模拟岩爆的有效手段；Baoquan An 等用离散单元法建立了岩石冲击的动态仿真接触模型；Cai M 采用 PFC2D 模拟节理岩石的峰值和残余强度，定量分析节理岩石在地下工程开挖过程中微震导致的破坏。

刘宁等利用 PFC 模拟大理岩在破裂过程中的时间效应；姚涛等用 PFC2D 模拟不同围压下大理岩三轴试验，通过数值模拟得到的强度参数普遍偏大；孟京京等用颗粒流虚拟实现平台圆盘巴西劈裂，认为平台中心角越大，岩石内损伤破坏程度越高；余华中等模拟节理岩石直剪试验，表明剪切裂纹发育数目在微裂纹总数中所占比例增大；武军等基于颗粒流椭球体理论，提出砂土隧道松动区的计算方法，改进 Terzaghi 松动土压力；刘广等认为颗粒的球度增大，模拟对象的启裂强度、损伤强度和峰值强度均会降低；黄达等利用 PFC2D 开展不同倾角非贯通单裂隙砂岩单轴压缩试验，表明随着应变率增大，裂隙尖端的破裂应力增加，随着裂隙倾角增大，切向剪应力整体增加，法向剪切力明显减小；刘宁等证明颗粒流程序可以从细观角度准确再现试验过程中的裂纹扩展和破裂特征。

1.2.5　岩石地下工程围岩分级

岩体是复杂的地质体，地质环境充满差异性和随机性，导致地下工程的设计施工环境远比地面工程复杂，尤其是目前测试的岩块的力学强度，它不能代表岩体的力学强度。因此在地下工程设计中广泛采用以经验为主的工程类比法，需要借助隧洞围岩分级等经验手段来确定岩体的强度参数。当前围岩分级是地下工程设计施工的基本前提，也是确定围岩力学参数的依据。围岩分级是在地质勘查资料和岩石试验数据的统计、分析以及归纳的基础上，确定影响围岩稳定的各种因素并综合评价围岩的稳定性从而确定围岩级别。可见天然条件下围岩的稳定性是围岩分级的基本依据。

1. 围岩分级方法

国内外现有的围岩分级方法包括按基本因素定性分级和通过综合各类因素人为打分定量分级两种。定性分级方法比较灵活，便于有经验的技术人员使用，且经受了长期的实用考验。定量分级方法是对各因素进行打分，经计算获得岩体质量指标，并按此进行分级，如国外巴顿的 Q 分级、比尼阿夫斯基的地质力学（MRM）分级等，这种分级方法比较清晰，容易操作，但由于岩体质量指标值难以准确确定，使其应用范围大受限制，实际应用中并不多。

近年来提出了一些新的围岩分级方法，如陈炜滔等用数学统计理论和灰色关联的方法确定围岩分级的相应指标和界限值，但该方法尚难以被实际应用。现在工程中采用的还是上述两种实用分级方法。郑颖人等对定量打分方法提出了改进意见，主要是对围岩基本质量指标 BQ 值进行了修改，使定性分级标准与定量分级标准能较好地统一，并能弥补定性分级方法难以全面反映实际的缺陷，得出更加符合实际的围岩分级指标。

此外，近年来还提出许多特殊条件下的围岩分级方法。如李苍松等建立了岩溶围岩分级的物理模型和数学模型，并通过计算确定岩溶围岩级别；沈冬冬以扁担垭隧道为例分析总结了围岩分级方法在高地应力隧道中的适用情况；梁庆国等研究了黄土隧洞围岩的水敏感性、小应变破坏特性、各向异性和节理等特殊性质，并对其进行了分级。

以往围岩分级中，有的规范将岩石与土体综合分级；有的规范将岩石单独分类。前者是为了应用方便，但过于笼统，容易造成错误。例如，把老黄土 Q_1、Q_2 划在Ⅳ级，但老黄土的黏聚力只有 $40 \sim 70$kPa，而Ⅳ级围岩黏聚力规范规定为 $200 \sim 700$kPa，可见两者差别很大，会使计算时出现严重错误。目前，将岩和土分别进行分级有明显的趋势，如王明年等提出建立各自独立的岩质和土质围岩的统一标准，郑颖人等则比较明确地提出岩石单独分级，而土体可以不分级的观点，因为土体的参数可以通过严格的试验较为准确地确定，不像岩体需要通过经验方法确定。

2. 影响围岩分级的基本因素与特殊因素

影响围岩分级的基本因素，各种规范基本上都是一致的。一是岩块自身质量的好坏，通常以岩石单轴饱和抗压强度表示；二是考虑岩体的完整程度，即岩体的完整性。由于这些因素没有太大变动，而且观点和做法都比较一致，这里就不再重述。另外郑颖人等认为岩块强度升高，并不会增大围岩稳定性，建议坚硬岩强度由 $30 \sim 60$MPa 改为 $30 \sim 50$MPa。影响围岩分级的特殊因素通常包括地下水、不良结构面和初始地应力的影响。对这些特殊因素的处理，不同的规范有不同的处理结果。《公路隧道设计规范》（JTGD 70—2004）、《工程岩体分级标准》（GB 50218—2014）采用了修正围岩基本质量指标的方法。围岩基本质量指标修正值 $[BQ]$ 的计算公式为

$$[BQ] = BQ - 100(k_1 + k_2 + k_3) \tag{1.1}$$

式中：BQ 为围岩基本质量指标；k_1 为地下水影响修正系数；k_2 为主要软弱结构面产状影响修正系数；k_3 为初始应力状态影响修正系数。

但此种对基本质量指标修正的方法难以操作和控制，反而会影响围岩分级的准确性。规范最终采用在原有围岩分级基础上降级的做法，以便于控制。

3. 围岩自稳性判断及其稳定性分级

围岩的自稳能力是指隧洞无衬砌情况下（即毛洞）的自稳能力，围岩级别越高，隧道在无支护条件下稳定性越好，反之亦然。当前各种规范中，都采用隧道开挖后围岩的实际自稳时间作为检验原来围岩定级正确与否的依据，但这种方法主要取决于感觉与经验，无法定量，也难以操作，其可靠性不足。

围岩的自稳不仅取决于岩体质量，而且还与隧道跨度有关。但目前许多规范都没有考虑跨度的影响，围岩的自稳性大致以 10m 跨度隧洞为标准。规范在隧道各级围岩自稳能力判断中，明确提出了围岩稳定性与隧洞跨度有关，对不同跨度提出不同的自稳性，但没有将这种想法直接引入到围岩分级。王明年等通过离散元对岩石块体进行力学分析，提出以围岩自稳跨度建立岩质和土质围岩的统一标准，并设想在围岩分级中设置亚级，即每一分级中细分不同的自稳跨度亚级。郑颖人等也明确提出在隧道各级围岩自稳能力判断中考虑跨度的影响，引入围岩毛洞安全系数，并给出各级围岩自稳性对应的安全系数，具

体如表 1.1 所示。

表 1.1　　　　　　　　　　　隧道各级围岩自稳能力判断

围岩级别		安全系数	自　稳　能　力
Ⅰ		>3.5	跨度 20m，长期稳定，偶有掉块，无塌方
Ⅱ		>2.4	跨度 5m 以内，长期稳定，偶有掉块，无塌方；跨度 10～20m，稳定，局部可发生掉块，无塌方
Ⅲ	Ⅲ$_1$	>1.5	跨度 10m 以内，基本稳定，可发生局部块体掉落，偶有小塌方
	Ⅲ$_2$	>1.25	跨度 10～20m，基本稳定～不稳定，可发生局部块体掉落及小塌方，偶有中塌方
Ⅳ	Ⅳ$_1$	>1.0	跨度 10m 以内，不稳定，1 个月至数月内可发生松动变形、小塌方，进而发展为中～大塌方
	Ⅳ$_2$	>0.75	跨度 10～20m，不稳定，可稳定数日至 1 个月，可发生各类塌方
Ⅴ		>0.75 或 <1.0	无自稳能力，极不稳定，可稳定 1 小时至数日；可发生各类塌方；跨度 5m 或更小，当无水时，可稳定数日至 1 个月

　　评价各级围岩的稳定性，不同规范有所不同，但一般分为五级：稳定性很好、稳定性好、中等稳定、稳定性差、稳定性很差，或很稳定、稳定、基本稳定、不稳定、很不稳定以及长期稳定、基本稳定、不稳定、很不稳定等。不同分级方法的可操作性不同，但均以围岩自稳性为依据。郑颖人等则进一步提出基本稳定～不稳定的亚级。

　　4. 围岩力学参数确定

　　围岩力学参数是计算的基本依据，但难以进行试验确定，通常用边长 0.5～1.0m 的立方体做现场试验，依然难以表达岩体的实际力学性质，因此，岩体力学参数多是依据专家经验来确定。20 世纪 80 年代一些专家提出的各级围岩的经验数据缺少充分的依据，但至今仍被国内各种规范所采用，需要尽量细化和改进，使其更接近客观实际。郑颖人等依据各级围岩设定的稳定性，建立了相应的稳定安全系数定量指标并据此反推出各级围岩岩体的强度参数，从而对现行各级围岩强度参数值进行适当修正，使其更能反映实际状况（表 1.2），并避免了由于参数选用不准而使计算出来的围岩稳定性与实际围岩稳定性不符的情况。

表 1.2　　　　　　　　　　　岩体强度参数的规范值与建议值

围　岩　类　别		规　范　值		建　议　值	
		c/MPa	φ/(°)	c/MPa	φ/(°)
Ⅰ		>2.1	>60	>2.1	>48
Ⅱ		1.5～2.1	50～60	1.3～2.1	37～48
Ⅲ	Ⅲ$_1$	0.7～1.5	39～50	0.3～1.3	32～37
	Ⅲ$_2$	0.7～1.5	39～50	0.3～1.3	30～35
Ⅳ	Ⅳ$_1$	0.2～0.7	27～39	0.1～0.3	27～32
	Ⅳ$_2$	0.2～0.7	27～39	0.1～0.3	25～30
Ⅴ		0.05～0.2	20～27	<0.1	<25 或 <27

王明年等通过数值计算，根据亚级分级方法确定了岩质围岩在不同岩石坚硬程度、不同结构面构造和不同结构面结合程度的组合情况下的物理力学参数值，想法合理，但实用性不强。

综上所述，虽然国内外围岩分级有了较大的进步，但仍然存在不少问题，需要集思广益，吸收诸多研究人员和工程人员的有益意见，针对岩石围岩分级的要求，提出符合建设要求且更为科学合理的分级方法。

1.2.6　岩石地下工程设计计算方法

1. 地下工程设计计算方法

由于岩体是复杂的地质体，环境条件复杂，以及对围岩破坏机理认识尚不足，致使地下工程设计计算方法尚未很好解决。围岩稳定性分析方法经历了"经验判断→散体理论分析→数值分析→数值极限分析"的发展过程。

（1）工程类比法。工程类比法是一种经验方法，即通过大量的工程类比分析、归纳而得到设计参数。目前已上升为围岩分级的方法之一，通过研究影响围岩稳定性的各种因素，对其进行综合评价，并按照一定的标准对围岩稳定性进行分级，最后提出各级围岩的相应设计参数。这种方法是目前地下工程设计的主基调。

（2）荷载—结构法。按照散体力学压力拱理论，人为给定松散压力，并采用荷载—结构分析模型，最终将按结构力学方法计算衬砌的安全系数作为设计依据。但在使用过程中存在明显的不足：由于荷载是人为给定的，通常将其作为设计的辅助依据；纯粹将围岩视为外荷载的观点是不全面的，围岩既是荷载，又是承载体，应采用弹塑性理论分析；围岩压力主要为形变压力而不是上述的松散压力，导致基于松散体理论的设计方法与地下工程实际受力状态相差较远。

郑颖人等对普氏压力拱理论提出质疑，认为拱作用是力学上的普遍原理，所以地下结构都是做成拱形的，但按普氏观点，地下工程受力与埋深无关的观点严重违反客观实际，而且隧道拱顶上并不存在压力拱，由此认为基于普氏压力拱的破坏机理是不正确的。

（3）地层—结构法。基于围岩压力为形变压力，提出了地层—结构弹塑性分析方法，这种方法在实际计算中遇到两个困难：一是围岩强度参数是经验性的，参数不准将严重影响计算的结果；二是缺少围岩失稳破坏的严格科学判据，无法计算出准确的围岩稳定安全系数。

（4）基于极限分析的地层—结构法。郑颖人等提出基于基于极限分析的地层—结构法，即通过围岩的稳定安全系数，直接配合地下工程设计要求进行科学合理的计算。

2. 混凝土抗剪强度参数

基于极限分析的地层—结构法进行计算，还需要解决几个关键的参数问题。其中之一是将初衬混凝土材料视作弹塑性材料，而不是弹性材料。实际工程中初衬厚度很薄，是承载的主体，要承受很大的应力和变形，必然要进入塑性状态，所以必须按弹塑性理论来分析。但当前混凝土规范中，并没有列出混凝土的抗剪强度，即使列出抗剪强度，也只是考虑混凝土的黏聚力而没有考虑摩擦力，这显然与岩土力学原理不符。

混凝土结构设计规范中，给出了矩形截面构件的最大剪力设计值与混凝土轴心抗拉强

度之间的关系为

$$V \leqslant 0.7\beta_c f_t bh_0 \tag{1.2}$$

式中：V 为构件斜截面的最大剪力设计值；β_c 为混凝土强度影响系数；b 为截面的宽度；h_0 为截面的有效高度；f_t 为混凝土抗拉强度设计值。

此公式适用于建筑结构中不配置箍筋、弯起钢筋等一般板类受弯构件，结构设计中用以计算其斜截面受剪承载力。

张琦、过镇海等指出 Morsh 最先将试件两端支起，跨中通过传压板施加荷载。试件的破坏剪面由锯齿状裂缝构成，锯齿的两个方向分别由混凝土的抗压和抗拉强度控制，平均抗剪强度的计算公式为

$$\tau_p = k\sqrt{f_c f_t} \tag{1.3}$$

式中：k 为修正系数，取 0.75；f_t 为混凝土抗拉强度；f_c 为混凝土抗压强度设计值。

此方法在试验过程中剪应力分布不均匀时，结果易受到正压力影响。

过镇海提出用四点受力等高梁抗剪试验方法对混凝土进行剪切试验。试件中部设有缺口，以避免试验过程中引起的应力集中现象；并通过控制试件的厚度，来控制试件破坏的位置。试验给出了混凝土的抗剪强度与立方体抗压强度的关系为

$$\tau = 0.39 f_c^{0.57} \tag{1.4}$$

董毓利等利用自行设计的混凝土剪切试件对混凝土剪切强度、剪切应力—应变曲线进行研究；马玉平等研究了不同龄期下混凝土的抗剪强度。

上述抗剪承载力计算主要应用在板、梁等受弯构件中，都没有考虑混凝土材料内摩擦角 φ 的影响，但可以为岩土与隧道工程中确定混凝土抗剪强度 c 值提供参考。

岩土工程中采用混凝土抗压强度与抗拉强度换算的方法近似估计考虑摩擦的混凝土抗剪强度。通过试验得到岩石试样的抗压、抗拉强度值，并由此得到单轴抗压强度与单轴抗拉强度两个莫尔圆，对两个莫尔圆作一公切线，从而得到岩石的 c、φ 值，但由于只有两个莫尔圆，且岩石的强度包络线实际并非直线，故这种做法只是近似的，一般会使 c 值偏小，φ 值偏大。

3. 围岩应力释放系数的确定

围岩应力释放系数也是结构设计计算中的关键参数之一，与围岩的时空效应有关，合理确定施工初衬和二衬的荷载释放系数，对围岩—支护复合支护结构的形成有着重要的作用。

目前规范中没有对应力释放系数作专门的规定，一些部门对初衬的荷载释放系数取 30%，但考虑到施作初衬需要时间，有些单位定为 50%。冯夏庭等基于拉格朗日原理分析，讨论了应力释放的理论依据。关于二次衬砌荷载释放量的确定，有些部门认为初衬是临时支护，对初衬不做计算，只考虑二次支护承载，围岩释放系数取 30%。郑颖人等则认为初衬是主要承载体，二衬前的围岩应力释放系数应为 90%。围岩应力释放的计算方法有多种，但常用的有反转应力释放法；郑颖人等提出的基于不平衡力的应力释放方法；同济曙光提出了开挖步、增量步以及跨开挖步的开挖边界应力释放方法。

关于围岩应力释放条件下围岩稳定安全系数的求法，是本研究的重要理论基础。

4. 地下工程深、浅埋分界标准

确定地下工程深、浅埋分界标准，是地下工程设计计算方法中的重要一步，可以此为据采用不同的围岩压力计算方法。现阶段规范中的隧道深、浅埋界定标准多来自于实际工程经验统计，与实际差异较大。

许多学者提出了修正方法和建议。王明年等基于剪切滑移破坏模式，给出了大断面黄土隧道的深、浅埋分界，新黄土分界深度为 $55\sim60\,\mathrm{m}$，老黄土分界深度为 $40\sim50\,\mathrm{m}$；杨建民等认为黄土隧道深、浅埋分界高度为 $40\sim60\,\mathrm{m}$；宋玉香等则以北京地铁为例，建议隧道埋深小于隧道跨度时采用全土柱，隧道埋深大于隧道跨度时采用比尔鲍曼公式；赵占广等简单地从数值仿真角度，以拱顶上中心线侧压力系数变化规律为依据，划分土体深、浅埋；曲星等从不同松动荷载计算公式的理论假定入手，以城门洞型洞室为对象，对比不同计算方法的区别，将深、浅埋界线定义在普氏法与比尔鲍曼法之间；程小虎以卸荷拱为研究对象，根据极限平衡法，建立黏性土隧道和砂性土隧道深、浅埋划分的定量判据和求解方程；李鸿博等基于普氏平衡拱理论，推导出深埋连拱隧道的土压力荷载计算公式，给出深浅埋连拱隧道的分界埋深；吴铭芳等简单地以水平应力和竖向应力的关系为基础，从数值模拟角度对深、浅埋进行划分，建议取 $30\,\mathrm{m}$ 埋深为分界值。

郑颖人等将室内试验与数值模拟相结合，以弹塑性理论为基础，通过数值分析了随埋深变化的隧洞破坏过程，依据围岩的破坏机理，以破坏在隧道顶上直至地表定为浅埋，以围岩两侧破坏定为深埋，从而确定深、浅埋的分界线。其深浅埋分界大致为隧道跨度的 $2/3\sim3/4$。

1.3　岩体卸荷破坏研究存在的问题

从上述文献可以看出，关于岩体加载变形破坏机理，国内外学者已建立一套行之有效的试验及理论分析方法，但由于卸载破坏机制的复杂性，现有卸荷破坏机理的研究成果是不全面的，并不能满足工程活动的需要，主要体现在如下方面：

（1）试验应力路径。卸荷试验方案应力路径多集中于侧向压力卸荷（以单元受力为例），而忽视轴向压力的变化（恒定或者增加）；侧向压力卸荷常见于围压对受力单元破坏机理影响的研究，但关于卸荷速率或者卸荷应力水平影响的试验研究较少；卸荷试验控制方式可以分为应力控制和位移控制，不同控制方式试验结果对比的研究较少；实际工况处于复杂的地质环境，简单的卸荷路径试验研究自然不能满足实际工况需求。

（2）能量破坏过程。岩石的破坏趋向于一种过程性的累积破坏，常基于能量原理研究其破坏机理。现有的试验研究多集中在破坏过程中某阶段的能量对比上，而忽视了破坏过程中能量的演化规律，即使有能量演化过程的研究，也局限于常规三轴等简单试验应力路径，对复杂应力路径下岩样能量演化规律的研究并不多见。简单地对比能量值，会忽视演化过程中所包含的有关岩石破坏的重要信息。

（3）声发射破坏前兆。岩石内部微裂隙扩展的不同阶段具有不同的声发射特征。现有声发射规律研究主要集中在单轴压缩路径破坏，三轴加荷路径破坏的声发射特征研究主要是关于煤岩，卸荷破坏的声发射特征研究就更加少见；声发射试样数量的限制以及声发射特征分析方法不同造成声发射特征研究结果之间的差异；岩石的破坏前兆研究，缺乏复杂路径变化过程中岩石破坏的声发射特征研究。

（4）破坏形态。破坏形态包含着岩石破坏的重要信息，现有破坏形态分析仅简单地从破坏角度与破坏的粗糙程度来描述，没有对破坏面的粗糙程度进行具体的量化；分形描述岩石破坏形态，仅集中在破坏后碎屑描述方面；少量分形描述破坏面粗糙程度的研究，也只是选取破坏面中的一小块区域，忽视破坏面整体所包含的破坏信息，同时没有将破坏面分析与破坏应力路径结合，而将破坏面与破坏机制结合，使研究结果变得有些片面。

（5）细观机理分析。试验条件和理论水平的限制，使卸荷破坏机制的细观研究报道较少；颗粒流方法可以从细观角度模拟重现卸荷破坏过程，在砂土类材料中应用较广，成果也比较成熟，但在岩质材料领域还处于探索阶段，主要是由于材料的细观参数与宏观参数如弹性模量、泊松比、黏聚力以及泊松比等有着本质区别，且宏细观参数间没有明确的对应关系。细观参数的不可确定性限制了颗粒流方法在岩石卸荷破坏机理研究中的应用。而宏观试验分析与细观模拟方法结合研究卸荷破坏机理的报道就更加少见。

（6）卸荷本构模型。现有岩体的卸荷本构模型研究一方面基于室内和现场试验，对试验结果进行统计分析，从而考虑卸荷引起的岩体力学参数变化，对弹塑性力学本构模型进行修正，但本质上依然为加荷破坏力学本构模型；另一方面从力学假设出发，结合损伤力学和断裂力学，构建能描述破坏过程的本构模型，但模型相对复杂，参量确定不易，不足以反映实际卸荷破坏过程。

（7）地下工程设计计算方法。传统围岩分级方法将岩体和土体合在一起反映，与深埋隧洞围岩有很大的出入，同时围岩稳定程度与隧洞结构有关，而目前的分级方法并没有体现这一点；地下工程的衬砌结构在实际应用中允许进入塑性，在常用的数值模拟过程中，需要知道混凝土材料的抗剪强度，而目前并没有统一的混凝土抗剪强度指标；深、浅埋分界标准的确定有利于地下工程的设计，不同规范给出不同的标准，差异性较大。

1.4 研究内容及技术路线

1.4.1 研究内容

围岩地质灾害与工程开挖卸荷路径密切相关。针对实际工程开挖加、卸荷路径复杂的特点，以重庆、青岛等地的地下工程为背景，将大理岩作为研究对象，设计并实施不同卸荷条件、卸荷应力路径下的室内试验，从宏观角度采用多种方法分析岩石的卸荷破坏特征，同时利用数值模拟从细观角度深度分析岩石卸荷破坏过程，构建合理的卸荷本构模型，对岩质地下工程设计计算方法进行讨论，为工程围岩卸荷稳定性的分析、设计与施工提供依据。

（1）依据实际开挖卸荷工况设计不同路径方案，通过大理岩不同应力路径室内加、卸荷破坏试验，研究岩石的变形特征、强度特征等常规卸荷破坏演化机制，并分析卸荷围压、卸荷速率以及卸荷应力水平等因素对常规演化特征的影响。

（2）从应变能角度分析大理岩卸荷破坏过程中的能量演化规律，对比不同路径破坏的能量演化规律差异，研究卸荷初始围压、卸荷速率以及卸荷应力水平等因素对能量演化规律的影响。

（3）分析大理岩加、卸荷破坏过程中声发射特征的演化规律，采用分形原理进一步量化声发射特征，对比不同路径破坏声发射演化规律的差异，研究卸荷初始围压、卸荷速率以及卸荷应力水平等因素对声发射演化规律的影响。

（4）采用颗粒流方法模拟大理岩加、卸荷破坏过程，分析破坏过程中摩擦能、动能、黏结能与应变能等细观能量与应力路径之间的联系，研究破坏过程中细观裂纹数与岩石破坏前兆的关系，探究岩石微观裂纹产生、发展与贯通的过程。

（5）在室内试验与模拟分析的基础上，从细观力学出发构建合理的卸荷强度准则与卸荷本构方程。

（6）鉴于岩块与岩体之间的区别，提出岩质地下工程围岩分级的设想，对现有围岩分级方法进行调整和改进，并充分考虑地下工程跨度对围岩稳定性的影响。

（7）发展与完善地铁隧道设计计算方法，提出了合理的设计计算参数和初衬、二衬的计算过程。

1.4.2　技术路线

依据上述研究内容，采用室内试验与数值模拟相结合的方法分析岩石卸荷破坏机理，技术路线如图 1.2 所示。

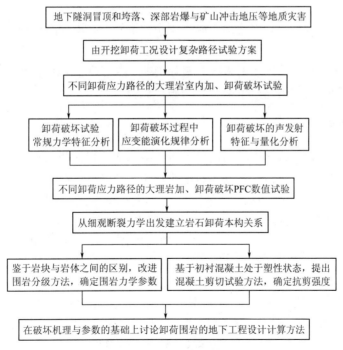

图 1.2　技术路线图

第2章 岩石卸荷破坏试验及分析

隧道、矿山工程的开挖过程实际上就是通过开挖扰动引起岩体某一方向的应力或者应变释放，岩体的地应力环境由平衡转变为不平衡，从而使岩体产生新的变形以至于破坏。岩体的开挖是一个复杂的加、卸荷过程，其中卸荷破坏的研究更符合实际岩体卸荷破坏过程，且卸荷开挖引起的围岩失稳现象十分普遍，但国内外卸荷岩体的力学特性研究还不成熟，尤其是卸荷路径下岩体的强度特征、演化机制与破坏前兆等方面。进一步研究卸荷岩体力学，发展完善相关理论，对揭示岩体卸荷破坏的演化机理、解决实际工程中的问题有着重要的意义。

2.1　试　验　方　案　设　计

围岩应力重分布过程中，引起围岩应力集中和下降，且不同部位应力变化不同，越接近洞室临空面，围岩最大、最小主应力差越大。应力差有三种变化，即增大、减小以及不变。应力路径不同，围岩反映出的强度、破坏前兆、变形和破坏特征等均不同。由此，这里设计并进行不同卸荷应力路径下的大理岩破坏试验。

2.1.1　试验条件

同批次试验用岩样取自河南驻马店侵入岩体接触变质带上的大理岩，主要化学成分为$CaCO_3$，质地细腻光滑，呈浅红色，颗粒细小均匀，粒径一般在 0.05～0.20mm。

按照工程岩体试验方法标准，在实验室内将大理岩岩样加工成直径 50mm、高 100mm 的圆柱体，并对试样两端面仔细研磨，不平行度在 ±0.3％内。试验前，为进一步消除试样自身宏观结构对试验结果的影响，对加工后试样进行如下处理：①肉眼观察，剔除可能含有节理、软弱面的试样；②波速测试，采用波速相近的试样，剔除波速离散较大的试样（表 2.1～表 2.6 中）。处理后的部分试样如图 2.1 所示。

不同卸荷路径试验在中国矿业大学 MTS815.02 型电液伺服岩石力学试验机完成，如图 2.2 所示。试验机最大轴向载荷

图 2.1　处理后试样图

1700kN，自动采集系统可以自动采集数据，且可以满足复杂路径的不同控制方式、不同方向荷载等需求。

2.1.2 试验方案

根据与工程实际开挖路径相对应的原则，为更好地研究岩体的卸荷破坏特征，对岩样进行不同卸荷速率、不同卸荷应力水平以及不同卸荷围压条件下的复杂加、卸荷破坏路径试验。

1. 常规三轴加荷试验

试验分为两个阶段：①增加围压，即按照静水压力条件逐步施加围压 σ_3 至预定值（10MPa、20MPa、30MPa、40MPa）；②围压 σ_3 保持不变，以 0.003MPa/s 提高轴压 σ_1 至岩样破坏。

图 2.2 试验用岩石力学试验机

试验目的的主要是：一方面可以与后续的相关卸荷试验方案进行对比；另一方面可以为后续方案确定峰值应力水平，从而确定后续卸荷方案。试验应力路径如图 2.3（a）所示。

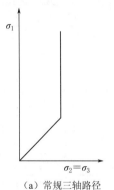
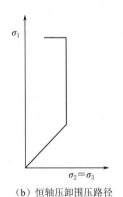
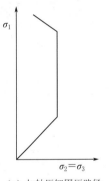

（a）常规三轴路径　　　　（b）恒轴压卸围压路径　　　　（c）加轴压卸围压路径

图 2.3　试验应力路径图

试样成功完成常规三轴试验的详细方案如表 2.1 所示，表中仅列出分析所用的试样，实际试验时每个方案均存在备用试样。

表 2.1　　　　　　　　　　　　常 规 三 轴 加 荷 试 验

试样编号	波速/(m/s)	围压/MPa	试样数量/个	试样编号	波速/(m/s)	围压/MPa	试样数量/个
1	4042	0	1	14	4318	40	1
2	4000	0	1	40	4667	10	1
39	4850	0	1	41	4381	20	1
38	4429	0	1	42	4714	30	1
112	3920	0	1	43	4227	40	1
113	3962	0	1	121	3556	10	1
11	4174	10	1	110	3630	20	1
12	4364	20	1	107	3920	30	1
13	4364	30	1	123	4080	40	1

2. 恒轴压、卸围压试验

试验分为三个阶段：①增加围压，即按照静水压力条件逐步施加围压 σ_3 至预定值（20MPa、40MPa）；②保持围压 σ_3 不变，通过应力控制的方式提高轴压 σ_1 至岩样破坏峰值应力的（峰前、峰后）某一应力状态（60%、80%）；③依据卸围压速率微调轴压 σ_1 以保持轴压 σ_1 恒定，同时以某一速率（0.2MPa/s、0.4MPa/s、0.6MPa/s、0.8MPa/s）卸围压 σ_3 直至岩样破坏。

试验目的主要是：恒轴压、卸围压路径试验对应隧洞工程卸荷开挖后切向应力不变、径向应力降低的应力调整过程或者露天岩石开挖对应的卸荷方式。试验路径如图 2.3 (b) 所示。

试样成功完成恒轴压、卸围压试验的详细方案，如表 2.2 所示，表中卸荷点位置是与轴向应力峰值相比的位置。

表 2.2　　　　　　　　　　　　　　　恒轴压、卸围压试验

试样编号	波速/(m/s)	卸荷点位置	卸荷围压/MPa	卸荷速率/(MPa/s)	试样数量/个
49	4364	峰前 80%	40	0.8	1
50	4318	峰前 80%	40	0.6	1
51	4700	峰前 80%	40	0.4	1
52	4455	峰前 80%	40	0.2	1
105	4080	峰前 60%	40	0.2	1
108	3885	峰前 60%	40	0.4	1
115	4000	峰前 60%	40	0.6	1
119	3571	峰前 60%	40	0.8	1
120	3846	峰前 80%	20	0.2	1
125	3778	峰前 80%	20	0.4	1
126	3741	峰前 80%	20	0.6	1
127	3741	峰前 80%	20	0.8	1
45	5000	峰后 80%	40	0.8	1
46	5111	峰后 80%	40	0.6	1
47	4632	峰后 80%	40	0.4	1
48	5167	峰后 80%	40	0.2	1
116	3960	峰后 60%	40	0.2	1
117	3960	峰后 60%	40	0.4	1
129	3769	峰后 60%	40	0.6	1
130	3808	峰后 60%	40	0.8	1
63	3429	峰后 80%	20	0.2	1
124	3840	峰后 80%	20	0.4	1
128	3556	峰后 80%	20	0.6	1
131	3769	峰后 80%	20	0.8	1

3. 加轴压、卸围压试验

试验分为三个阶段：①增加围压，即按照静水压力条件逐步施加围压 σ_3 至预定值（10MPa、20MPa、30MPa、40MPa）；②保持围压 σ_3 不变，通过应力控制的方式提高轴压 σ_1 至岩样破坏峰值的某一应力状态（峰前、峰后）（60%、80%）；③通过应力或者位移控制方式继续增加 σ_1，同时以某一速率（0.2MPa/s、0.4MPa/s、0.6MPa/s、0.8MPa/s）卸围压 σ_3 直至岩样破坏。

试验目的主要是：加轴压、卸围压路径试验对应隧洞工程卸荷开挖后切向应力增加、径向应力降低的应力调整过程或者洞室开挖过程中交叉洞开挖对应的卸荷方式。试验路径如图 2.3（c）所示。

轴向应力峰值前，应力控制方式加轴压、应力控制方式卸围压试验的详细方案如表 2.3 所示。轴向应力峰值前，位移控制方式加轴压、应力控制方式卸围压试验的详细方案如表 2.4 所示。轴向应力峰值后，应力控制方式加轴压、应力控制方式卸围压试验的详细方案如表 2.5 所示。轴向应力峰值后，位移控制方式加轴压、应力控制方式卸围压试验的详细方案如表 2.6 所示。

表 2.3　　　　　　　　加轴压、卸围压试验方案（一）

试样编号	波速/(m/s)	卸荷点位置	卸荷围压/MPa	卸荷速率/(MPa/s)	试样数量/个
15	4318	80%	10	0.2	1
16	4087	80%	10	0.4	1
17	4409	80%	10	0.6	1
18	4364	80%	10	0.8	1
4	4000	80%	20	0.2	1
5	4130	80%	20	0.4	1
6	4261	80%	20	0.6	1
7	4364	80%	20	0.8	1
19	4328	80%	30	0.2	1
20	4174	80%	30	0.4	1
21	4217	80%	30	0.6	1
22	4318	80%	30	0.8	1
23	4174	80%	40	0.2	1
26	4318	80%	40	0.4	1
27	4217	80%	40	0.6	1
28	4227	80%	40	0.8	1
85	4750	80%	40	0.2	1
86	4476	80%	40	0.4	1
87	4455	80%	40	0.6	1
88	4700	80%	40	0.8	1
81	4429	60%	40	0.2	1

续表

试样编号	波速/(m/s)	卸荷点位置	卸荷围压/MPa	卸荷速率/(MPa/s)	试样数量/个
82	4900	60%	40	0.4	1
83	4524	60%	40	0.6	1
84	4895	60%	40	0.8	1
54	3920	60%	10	0.2	1
55	3556	60%	10	0.4	1
57	3920	60%	10	0.6	1
58	4080	60%	10	0.8	1
59	3880	60%	20	0.2	1
62	3667	60%	20	0.4	1
66	3920	60%	20	0.6	1
67	3731	60%	20	0.8	1
69	3630	60%	30	0.2	1
71	3769	60%	30	0.4	1
72	3880	60%	30	0.6	1
73	3731	60%	30	0.8	1
61	3885	60%	40	0.2	1
70	3704	60%	40	0.4	1
74	3885	60%	40	0.6	1
76	3960	60%	40	0.8	1
岩样合计					40

表 2.4　　　　　　　　　加轴压、卸围压试验方案（二）

试样编号	波速/(m/s)	卸荷点位置	卸荷围压/MPa	卸荷速率/(MPa/s)	试样数量/个
53	4524	60%	10	0.2	1
54	4762	60%	10	0.4	1
55	4571	60%	10	0.6	1
56	4182	60%	10	0.8	1
57	4950	60%	20	0.2	1
58	5333	60%	20	0.4	1
59	5412	60%	20	0.6	1
60	5158	60%	20	0.8	1
61	5333	60%	30	0.2	1
62	4091	60%	30	0.4	1
63	4476	60%	30	0.6	1
64	4476	60%	30	0.8	1
65	5111	60%	40	0.2	1

试样编号	波速/(m/s)	卸荷点位置	卸荷围压/MPa	卸荷速率/(MPa/s)	试样数量/个
66	4476	60%	40	0.4	1
67	4650	60%	40	0.6	1
68	5222	60%	40	0.8	1
69	4700	80%	10	0.2	1
70	4650	80%	10	0.4	1
24	4261	80%	10	0.6	1
71	4750	80%	10	0.8	1
72	4900	80%	20	0.2	1
73	4789	80%	20	0.4	1
34	4043	80%	20	0.6	1
74	5056	80%	20	0.8	1
75	4409	80%	30	0.2	1
76	4895	80%	30	0.4	1
35	3917	80%	30	0.6	1
77	4789	80%	30	0.8	1
78	4571	80%	40	0.2	1
79	5278	80%	40	0.4	1
36	3957	80%	40	0.6	1
80	5333	80%	40	0.8	1
岩样合计					32

表 2.5   **加轴压、卸围压试验方案（三）**

试样编号	波速/(m/s)	卸荷点位置	卸荷围压/MPa	卸荷速率/(MPa/s)	试样数量/个
89	4455	60%	40	0.2	1
90	5000	60%	40	0.4	1
91	5150	60%	40	0.6	1
92	4217	60%	40	0.8	1
75	3880	80%	10	0.2	1
77	3630	80%	10	0.4	1
78	3769	80%	10	0.6	1
79	3630	80%	10	0.8	1
80	3704	80%	20	0.2	1
83	3808	80%	20	0.4	1
84	3630	80%	20	0.6	1
86	3630	80%	20	0.8	1
81	3880	80%	30	0.2	1

试样编号	波速/(m/s)	卸荷点位置	卸荷围压/MPa	卸荷速率/(MPa/s)	试样数量/个
85	3593	80%	30	0.4	1
87	3630	80%	30	0.6	1
88	3692	80%	30	0.8	1
64	4120	80%	40	0.2	1
82	3885	80%	40	0.4	1
91	4040	80%	40	0.6	1
94	3846	80%	40	0.8	1
岩样合计					20

表 2.6　　　　　　　　　加轴压、卸围压试验方案（四）

试样编号	波速/(m/s)	卸荷点位置	卸荷围压/MPa	卸荷速率/(MPa/s)	试样数量/个
89	3808	80%	10	0.2	1
93	3846	80%	10	0.4	1
96	3448	80%	10	0.6	1
98	3808	80%	10	0.8	1
90	3920	80%	20	0.2	1
95	3769	80%	20	0.4	1
99	3996	80%	20	0.6	1
118	3960	80%	20	0.8	1
97	3464	80%	30	0.2	1
103	3731	80%	30	0.4	1
106	3731	80%	30	0.6	1
109	4042	80%	30	0.8	1
102	3846	80%	40	0.2	1
104	3846	80%	40	0.4	1
111	3920	80%	40	0.6	1
114	3846	80%	40	0.8	1
岩样合计					16

特别需要说明的是，下文中如不做特别说明，峰前即表示轴向应力的峰值前，而峰后则表示轴向应力的峰值后。同时由于篇幅的原因，下文的分析对上述方案选取典型岩样。

2.2　常规三轴加荷破坏试验

常规三轴加荷试验分别进行不同围压下的大理岩加荷破坏试验。

2.2.1　应力—应变曲线

应力—应变曲线是利用试验机对一定尺寸、形状的岩石进行压缩而得到的载荷与变形之间的关系曲线，是揭示材料力学特性演化的重要方法。

图 2.4 是单轴压缩试验 39$^\sharp$ 试样的全过程应力—应变曲线，从图中可以看出岩样的应力—应变曲线存在如下规律：

（1）压密阶段（OB 段）。ε_1 呈下凹型，试样中原有的、肉眼不可见的微裂纹及孔隙被压缩逐渐闭合，岩样的 ε_3 与 ε_v 变化同样表现出大理岩的强压缩性。

（2）弹性变形阶段（BG 段）。ε_1 曲线接近直线，此阶段压缩后的试样近似连续介质，ε_3 也表现出了线性压缩的状态，但 ε_v 的变化则相对较小。

（3）初期压缩微裂隙稳定发展阶段（GC 段）。G 点开始，ε_3 与 ε_v 开始负向增长，岩样开始进入塑性变形阶段，产生微观裂纹，这个破裂过程会随着压力的增大而加剧。也可以理解为 G 点对应的轴向应力就是大理岩试样的起裂应力，C 点对应的轴向应变是最大的安全轴向应变。

（4）后期扩容微裂隙稳定发展阶段（CD 段）。C 点开始，ε_3 与 ε_v 呈稳定增大的增长方式，变化率相对稳定，试样进入稳定扩容阶段，ε_v 的增长率较 GC 段微大，试样进入明显的塑性屈服状态，并逐渐接近峰值应力状态。C 点对应的轴向应力理解为扩容应力。

GD 段是微观裂纹产生、发展的阶段。

（5）不稳定破裂发展阶段（DE 段）。岩样加载强度超过峰值 D 点后，微裂隙的变化由量变转为质变，裂隙尖端的应力集中效应开始明显，不断的破裂发展引起能量释放，应力集中与能量释放的快速强烈交替，导致试样强度降低，ε_3 成倍增加，ε_v 快速持续增加。D 点岩样宏观裂纹开始逐渐增多，E 点则是离散宏观裂纹发展的极限。

（6）整体破坏阶段（E 点后）。E 点开始，岩样宏观裂纹形成贯通破裂面，ε_v 剧烈增大，试样剧烈扩容，强度迅速降低，直至试样完全破坏。F 点对应的轴向应力基本为试样的残余强度。

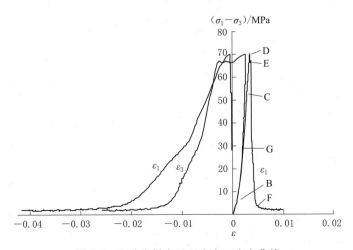

图 2.4　39$^\sharp$ 岩样全过程应力—应变曲线

2.2.2　围压的影响

图 2.5 是 $1^{\#}$、$11^{\#}$、$12^{\#}$、$13^{\#}$、$14^{\#}$ 试样在不同围压下应力差与轴向应变、体积应变曲线，常规三轴加荷试样的具体结果如表 2.7 所示。

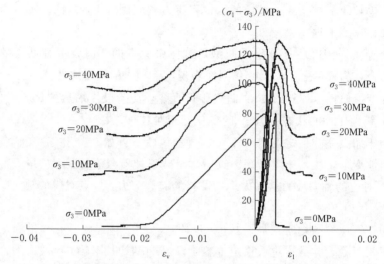

图 2.5　不同围压下应力差与轴向应变、体积应变曲线

表 2.7　　　　　　　　　　常 规 三 轴 试 验 结 果

试验编号	围压/MPa	轴向应力差/MPa	弹性模量/GPa	泊松比	黏聚力/MPa	摩擦角/(°)	破裂角/(°)	转折点/%
1	0	79.88	18.9	0.07			70	80.08
2	0	81.27	15.06	0.07			61	79.88
11	10	100.95	28.57	0.08			62	75.10
12	20	113.01	32.69	0.09	28.74	21.85	60	74.89
13	30	119.89	24.35	0.09			55	74.99
14	40	129.67	32.73	0.09			55	75.14
38	0	73.6	18.75	0.08			53	80.11
39	0	70.1	21.6	0.05			55	79.49
40	10	91.51	17.14	0.08			53	75.09
41	20	101.7	16.85	0.07	23.85	25.25	56	75.11
42	30	128.7	20.45	0.11			53	74.82
43	40	129.3	20.18	0.10			46	75.04
112	0	95.2	18.9	0.11			70	80.20
113	0	99.5	24.29	0.12			63	80.12
121	10	119.7	30.80	0.17			71	74.93
110	20	139.8	32.69	0.25	27.54	30.80	60	74.76
107	30	159.3	36.38	0.28			60	74.99
123	40	180.3	32.73	0.32			55	75.25

从常规三轴压缩破坏试验结果图 2.5 中可以看出，不同围压条件下，ε_1 与 ε_v 在应力—应变曲线峰前线性段基本是重合的；围压增大，轴向应力差峰值增大，同时峰值附近的 ε_1 与 ε_v 变化更加平缓，具体数值如表 2.7 中所示的轴向应力差，这表明围压延缓抑制了岩样的变形破坏，从而提高了岩样的承载能力，提高程度与围压基本呈线性关系。

表 2.7 中弹性模量与泊松比的具体数值并没有明显的规律性，一方面可能是岩样自身的原因，另一方面也可能是选取方法的问题。从弹性段选取，人为性较大；黏聚力与摩擦角的离散性更多是岩样自身结构离散性引起的；高围压下岩样的破裂角要低于低围压，表明围压降低了岩样破坏的剧烈程度；单轴压缩破坏岩样转折点在峰值应力差的 80%，而不同围压下的转折点在 75% 左右，有无围压转折点差别明显，但围压大小对转折点的影响并不明显，表明有无围压岩样的破坏剧烈程度不一样，但有围压下则相近。

2.3　不同应力路径卸荷破坏试验

通过将不同应力路径的卸荷试验与常规三轴试验对比，分析卸荷路径试验对应力—应变曲线演化规律的影响。

图 2.6（a）为岩样 105#、65#、61# 在围压 40MPa、峰前 60% 峰值轴向应力处，以 0.2MPa/s 速率分别进行恒轴压、位移加轴压、应力加轴压的卸围压试验与岩样 123# 在围岩 40MPa 时进行常规三轴试验的应力—应变曲线；图 2.6（b）为岩样 63#、90#、80# 在围压 20MPa、峰后 80% 峰值轴向应力处，以 0.2MPa/s 速率分别进行恒轴压、位移加轴压、应力加轴压的卸围压试验与岩样 110# 围压 20MPa 时进行常规三轴试验的应力—应变曲线。

图 2.6 中不同路径峰值前、峰值后卸荷试验大理岩岩样具有明显的硬脆性特征，轴向应变与体积应变具有峰后突降的特点。弹性变形阶段，岩样应力—应变呈近线性关系，不同路径试验岩样的应力—应变曲线基本重合。

轴压增加，不同应力路径试验方案应力—应变曲线开始出现差异。从轴向应变来看，比较常规三轴路径与其他卸荷路径试验，岩样卸荷破坏的轴向应变小于常规三轴岩样，卸荷岩样的峰值轴向应力也小于常规三轴岩样，表明卸荷路径加快岩样破坏，降低了岩样的承载能力。从相同条件下不同卸荷路径的峰值轴向应变来看，应力加轴压>位移加轴压>恒轴压；从峰值轴向应力来看，应力加轴压>恒轴压>位移加轴压。

对比不同路径试验轴向应变峰后突降速率，常规三轴试验与位移加轴压、卸围压试验相近，但大于应力加轴压、卸围压试验，而恒轴压、卸围压试验最小，表明常规三轴试验在高围压下破坏需要积累更多的能量，同时位移加轴压、卸围压试验中卸围压释放了岩样的能量，但位移加载方式岩样会积累更多的能量，因此岩样破坏时轴向应变突降速率会出现相近的情况。

对比不同路径的环向应变，位移加轴压、卸围压试验的曲线变化比较平缓，表明该路径下岩样破坏不剧烈。从岩样承载力降低时的环向应变来看，应力加轴压>常规三轴>位移加轴压>恒轴压，表明应力加轴压、卸围压试验岩样在破坏前会积累更多的能量，从而引发岩样破坏。

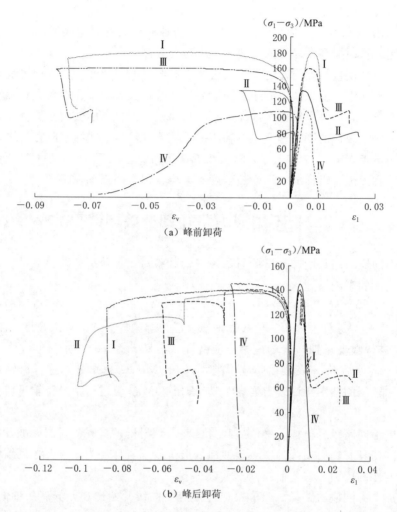

图 2.6　不同卸荷路径岩样的应力—应变曲线

Ⅰ—常规三轴；Ⅱ—恒轴压、卸围压；Ⅲ—应力加轴压、卸围压；Ⅳ—位移加轴压、卸围压

　　峰值轴向应力峰后卸荷，不同路径的轴向应变突降速率很接近，近似重合，但具体来看，位移加轴压＞应力加轴压＞恒轴压；位移加轴压路径岩样卸荷后没有出现明显回弹，而恒轴压与应力加轴压试验峰后卸荷后岩样出现明显回弹，并且后者的回弹量要大于前者，表明在应力加载模式下卸荷对岩样破坏形式影响最大，而位移加载模式影响最小。

　　从峰后卸荷的环向应变来看，位移加轴压、卸围压岩样卸荷对环向应变降低影响不明显；应力加轴压、卸围压与恒轴压、卸围压试验岩样卸荷后，轴向应力会出现回弹，并且前者的回弹量高于后者，表明岩样应力加轴压、卸围压试验对岩样承载力影响最明显；恒轴压、卸围压试验岩样破坏后环向应变降低平缓，其余路径呈突降状态。

　　表 2.8 给出了恒轴压、卸围压部分试验的具体试验结果。

表 2.8   恒轴压、卸围压试验结果

试样编号	卸荷速率 /(MPa/s)	轴向应力 /MPa	峰值时轴向应变/10⁻³	体应变 /10⁻³	轴向应力 /MPa	破坏时轴向应变/10⁻³	体应变 /10⁻³
43	0	172.12	6.54	−4.90	126.97	12.92	−55.24
45	0.8	161.37	14.78	−53.86	130.88	36.64	−118.47
46	0.6	173.66	6.08	−0.36	116.31	10.07	−29.32
47	0.4	171.12	6.68	−2.96	121.46	11.86	−29.22
48	0.2	170.79	5.88	1.15	115.95	10.46	−36.62
49	0.8	144.43	5.36	−1.19	92.77	13.56	−58.46
50	0.6	146.82	6.44	−3.34	95.62	13.05	−43.08
51	0.4	137.86	4.59	1.73	87.29	11.06	−54.85
52	0.2	146.86	4.93	3.03	83.19	10.46	−30.66
105	0.2	146.39	4.56	−17.8	139.32	6.82	−15.57
108	0.4	147.92	4.74	−19.3	144.60	6.20	−44.74
115	0.6	136.43	3.81	−15.2	132.04	5.25	−28.89
119	0.8	148.45	4.24	−23.8	140.42	6.49	−57.35

表 2.9 给出了位移控制加轴压、卸围压试验的具体试验结果。

表 2.9   位移控制加轴压、卸围压试验结果

试样编号	峰 值 点 处				破 坏 点 处			
	轴力/MPa	围压/MPa	轴应变/10⁻³	体应变/10⁻³	轴力/MPa	围压/MPa	轴应变/10⁻³	体应变/10⁻³
53	97.03	2.22	4.52	2.19	12.75	0.04	4.88	−30.19
54	89.00	−0.06	4.13	0.92	23.91	0.00	4.90	−37.20
55	76.78	−0.06	4.54	0.13	12.93	−0.04	4.73	−25.95
56	75.51	−0.04	3.58	0.34	12.67	0.00	4.08	−28.98
57	106.01	10.40	5.89	−1.48	12.97	−0.02	7.89	−76.68
58	97.83	7.61	4.48	1.03	12.94	−0.05	5.33	−41.76
59	95.43	5.64	4.34	1.59	12.84	−0.08	4.86	−32.07
60	92.76	3.67	3.89	0.23	13.19	−0.06	4.26	−28.10
61	121.38	20.11	4.95	−2.95	13.83	−0.05	8.46	−76.48
62	113.80	15.00	4.42	−1.02	13.13	−0.02	5.69	−52.52
63	115.30	12.91	4.20	1.11	12.25	−0.02	4.97	−30.84
64	103.22	11.22	3.96	−0.63	10.53	0.93	9.93	−59.09
65	135.50	27.82	5.67	−2.48	11.82	−0.04	6.67	−68.45
66	126.47	24.21	4.53	−1.15	13.37	−0.02	5.91	−41.08
67	133.81	20.51	4.32	−0.11	13.37	−0.02	5.91	−41.08
68	116.86	20.44	0.74	−2.18	7.00	−0.05	1.63	−53.59
69	106.05	5.01	4.60	1.23	9.98	−0.05	5.54	−31.85

试样编号	峰　值　点　处				破　坏　点　处			
	轴力/MPa	围压/MPa	轴应变/10⁻³	体应变/10⁻³	轴力/MPa	围压/MPa	轴应变/10⁻³	体应变/10⁻³
70	99.42	3.41	4.25	1.09	16.90	−0.05	4.76	−22.88
24	93.55	3.46	2.63	1.17	8.06	−0.07	2.91	−71.74
71	94.38	2.09	4.11	1.99	21.00	−0.02	4.64	−51.27
72	126.84	13.21	4.56	0.80	17.29	−0.03	6.70	−56.22
73	111.87	13.60	4.88	−0.07	18.68	−0.05	6.12	−57.77
34	109.42	10.64	2.73	0.96	13.99	0.00	4.31	−29.56
74	108.77	11.61	4.48	0.51	11.86	−0.08	5.11	−40.12
75	131.72	24.00	5.28	−2.05	12.42	−0.01	9.03	−101.18
76	125.86	28.23	10.91	−1.46	23.83	−0.04	13.42	−75.85
35	129.95	20.71	2.85	0.97	8.51	−0.03	3.92	−23.87
77	124.12	20.82	4.91	1.66	19.54	−0.10	5.97	−57.80
78	147.08	33.10	5.61	−1.81	12.78	0.46	10.66	−98.72
79	143.10	31.80	5.42	−1.04	8.56	0.08	7.92	−64.25
36	146.88	28.00	3.18	0.39	9.87	−0.03	4.26	−21.93
80	146.53	25.63	4.41	2.14	28.79	−0.07	5.54	−33.27

表 2.10 给出了应力控制加轴压、卸围压部分试验结果。

表 2.10　　　　应力控制加轴压、卸围压试验结果

岩样编号	围压/MPa	卸荷速率/(MPa/s)	破坏时轴压/MPa	破坏时围压/MPa	破坏时应力差/MPa	破坏时围压差/MPa
15	10	0.2	98.69	7.01	91.67	2.99
16	10	0.4	93.75	3.76	89.99	6.24
17	10	0.6	90.18	3.38	86.80	6.62
18	10	0.8	90.14	0.8	89.34	9.20
4	20	0.2	122.37	13.62	108.75	6.38
5	20	0.4	111.03	8.17	102.85	11.83
6	20	0.6	104.36	5.62	98.74	14.38
7	20	0.8	101.42	4.35	97.06	15.65
19	30	0.2	143.32	24.35	118.97	5.65
20	30	0.4	134.85	20.89	113.97	9.11
21	30	0.6	131.31	15.81	115.51	14.19
22	30	0.8	126.11	14.04	112.07	15.96
23	40	0.2	160.68	34.44	126.24	5.56
26	40	0.4	155.02	29.52	125.51	10.48
27	40	0.6	147.88	27.26	120.63	12.74
28	40	0.8	143.16	25.1	118.07	14.9

2.4 卸荷围压对变形特征的影响

图 2.7（a）为 120$^{\#}$ 与 52$^{\#}$ 岩样分别在围压 20MPa、40MPa 时，在峰前 80％峰值轴向应力处，以 0.2MPa/s 卸荷速率进行恒轴压、卸围压试验的应力—应变曲线。

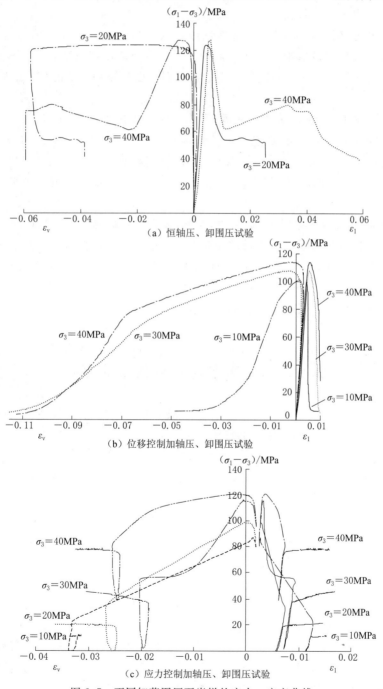

图 2.7　不同卸荷围压下岩样的应力—应变曲线

图 2.7（b）为 69#、72# 与 78# 岩样分别在围压 10MPa、30MPa 与 40MPa 时，在峰前 80％峰值轴向应力处，以 0.2MPa/s 卸荷速率进行位移控制加轴压、卸围压试验的应力—应变曲线。

图 2.7（c）为 15#、4#、19# 与 23# 岩样分别在围压 10MPa、20MPa、30MPa 与 40MPa 时，在峰前 80％峰值轴向应力处，以 0.6MPa/s 卸荷速率进行应力控制加轴压、卸围压试验的应力—应变曲线。

对比不同应力路径试验的应力—应变曲线，从图 2.7（a）来看，轴向应变峰值附近，高围压下应变变化率明显高于低围压；低围压时，岩样的体积应变存在一段峰后平静期，高围压峰后平静段要短得多，不同围压下岩样轴向应变与体积应变的变化表明高围压下岩样的破坏剧烈。

围压增加，岩样破坏的承载能力呈递增关系，以图 2.7（b）为例，围压 10MPa、30MPa 和 40MPa 岩样对应的峰值强度分别为 95MPa、131MPa 和 150MPa，峰值处轴向应变和体积应变也随围压的增大而增大。这表明较高的卸荷围压抑制了岩样裂纹的进一步发育，岩样内部的裂纹发育扩张速度变慢，到达峰值强度所需要的时间也变长。

从图 2.7（c）来看，围压 10MPa 的岩样最先发生扩容破坏，40MPa 岩样最后破坏，表明应力控制加轴压、卸围压试验岩样卸荷围压越小，岩样越容易破坏。破坏时，卸荷初始围压为 10MPa、20MPa、30MPa 的岩样轴压都降到 0MPa，并再次增长到峰后残余段；而 40MPa 岩样强度有明显的下降，但并没有降至 0MPa，表明高围压下岩石强度较高，岩石不易发生变形破坏，围压明显影响岩样强度。

具体数据见表 2.8～表 2.10。

2.5　卸荷速率对变形特征的影响

图 2.8（a）为 120# 与 125# 岩样在围压 20MPa 时，峰前 80％峰值轴向应力处，分别以 0.2MPa/s、0.4MPa/s 卸荷速率进行恒轴压、卸围压试验的应力—应变曲线。

图 2.8（b）为 75#、76# 与 77# 岩样在围压 30MPa 时，在峰前 80％峰值轴向应力处，分别以 0.2MPa/s、0.4MPa/s 与 0.8MPa/s 卸荷速率进行位移控制加轴压、卸围压试验的应力—应变曲线。

图 2.8（c）为 23#、26#、27# 与 28# 岩样在围压 40MPa 时，峰前 80％峰值轴向应力处，分别以 0.2MPa/s、0.4MPa/s、0.6MPa/s 与 0.8MPa/s 卸荷速率进行应力控制加轴压、卸围压试验的应力—应变曲线。

结合图 2.8（a）与表 2.8，卸荷速率对轴向应变、岩样承载力产生明显的影响。以图 2.8（b）中轴向应变为例，卸荷速率越大，峰值附近曲线越尖锐，但结合岩样环境来看，拐点规律在高围压环境下很明显，而低围压环境下拐点的平缓度基本趋向一致。规律表明：低围压环境（如 10MPa），卸荷速率对试样破坏的剧烈程度影响并不显著；高围压环境（如 20MPa 以上），速率增大，会引起试样破坏更剧烈。体应变峰值附近变化也反映出这一点。从体应变峰后初始段变化来看，卸荷速率越高，体应变降低速率越高，如图 2.8

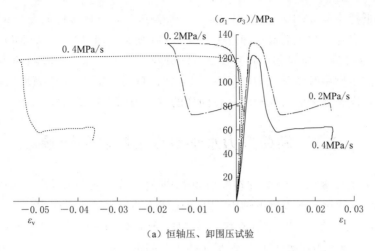

（a）恒轴压、卸围压试验

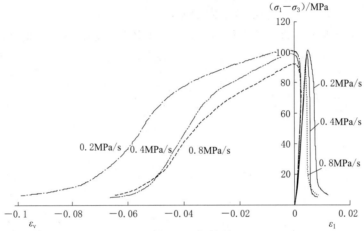

（b）位移控制加轴压、卸围压试验

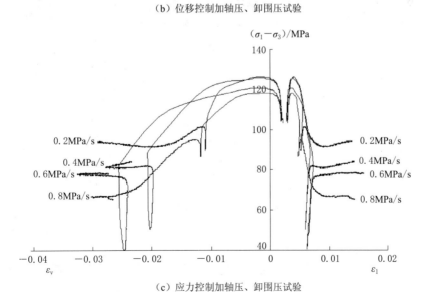

（c）应力控制加轴压、卸围压试验

图 2.8 不同卸荷速率下岩样的应力—应变曲线

（b）所示，降低速率 0.8MPa/s＞0.4MPa/s＞0.2MPa/s，具体数据见表 2.9。

图 2.8（c）的结果更加明显，卸荷速率从 0.2MPa/s、0.4MPa/s、0.6MPa/s、0.8MPa/s 逐渐增加，破坏时的围压从 24.94MPa、27.06MPa、29.41MPa、34.44MPa 逐渐增加，岩样达到破坏围压所用时间从 28.01s、26.81s、21.41s、18.61s 也逐渐增加，表明卸荷速率较低的岩样，发生破坏的时间较晚，在同样的时间内保持较高的破坏围压。

2.6　卸荷应力水平对变形特征的影响

图 2.9（a）为 108#、51# 岩样在围压 40MPa 时，分别在峰前 60％、80％峰值轴向应力处以 0.4MPa/s 卸荷速率进行恒轴压、卸围压试验的应力—应变曲线。

图 2.9（b）为 57# 与 72# 岩样在围岩 20MPa 时，分别在峰前 60％、80％峰值轴向应力处以 0.2MPa/s 卸荷速率进行位移控制加轴压、卸围压试验的应力—应变曲线。

图 2.9（c）为 81# 与 85# 岩样在围岩 40MPa 时，分别在峰前 60％、80％峰值轴向应力处以 0.2MPa/s 卸荷速率进行应力控制加轴压、卸围压试验的应力—应变曲线。

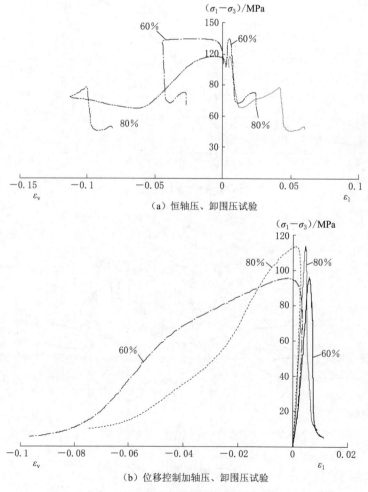

（a）恒轴压、卸围压试验

（b）位移控制加轴压、卸围压试验

图 2.9（一）　不同卸荷水平下岩样的应力—应变曲线

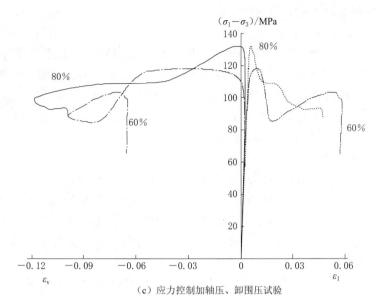

(c) 应力控制加轴压、卸围压试验

图 2.9（二）　不同卸荷水平下岩样的应力—应变曲线

卸荷水平的影响体现在：岩样峰前卸荷后的承载能力峰值出现明显的差别，加轴压、卸围压路径试验时峰前 80％峰值轴向应力岩样的轴向应力差高于峰前 60％，表明卸荷水平越高，卸围压引起的裂纹扩展有更多的时间对试样发生作用，试样的峰值承载能力越小，具体结果见表 2.9 与表 2.10。而恒轴压、卸围压试验则恰好相反，表明恒轴压破坏路径下卸荷水平越高，岩样反而破坏更剧烈。

2.7　小　　结

1. 应力—应变关系

从相同条件下不同卸荷路径的峰值轴向应变来看，应力加轴压＞位移加轴压＞恒轴压；从峰值轴向应力来看，应力加轴压＞恒轴压＞位移加轴压，从岩样承载力降低时环向应变来看，应力加轴压＞常规三轴＞位移加轴压＞恒轴压。这表明应力加轴压、卸围压试验岩样破坏前会积累更多的能量，从而引发岩样破坏。

峰值轴向应力峰后卸荷，不同路径的轴向应变突降速率很接近，近似重合，但具体来看，位移加轴压＞应力加轴压＞恒轴压。

从峰后卸荷的环向应变来看，岩样应力加轴压、卸围压试验对岩样承载力影响最明显；恒轴压、卸围压试验岩样破坏后环向应变降低平缓；其余路径呈突降状态。

2. 围压的影响

围压对应力演化规律产生明显的影响。不同路径下围压增加，岩样的承载能力都会增强；围压增加，不同应力路径下岩样承载力峰值附近的 ε_1 与 ε_v 变化更加平缓，高围压抑制岩样内部裂纹的发育程度，延缓岩样发生破坏的时间。从上文中的具体结果来看，围压对岩样承载力影响最强的应力路径为应力控制加轴压、卸围压，其次分别为位移控制加轴压、卸围压，常规三轴加荷，最弱的为恒轴压、卸围压。

3. 卸荷速率的影响

卸荷速率不同，岩样破坏的剧烈程度会发生变化。卸荷速率增加，岩样内部裂隙扩展速度加快，表明卸荷速率较低时岩样破坏需要较大的应力差；峰前卸荷，岩样高卸荷速率下承载力下降快，破坏程度剧烈，而峰后卸荷，岩样承载力突降则要快于峰前卸荷。卸荷速率对岩样峰后破坏剧烈影响最明显的应力路径为位移控制加轴压、卸围压，其次分别为应力控制加轴压、卸围压和恒轴压、卸围压。

4. 卸荷应力水平的影响

卸荷应力水平变化，岩样内部初始损伤程度便会不同。卸荷水平低，岩样内部裂纹扩展不充分，而高卸荷水平时，岩样破坏突发性更强。应力控制加轴压、卸围压路径试验时承载能力峰值附近应变对卸荷应力水平的反映最明显，尤其是卸荷水平高时，变化更突然；位移控制加轴压、卸围压路径试验不同卸荷应力水平时。承载能力峰值附近应变变化均比较突然；恒轴压、卸围压路径试验最平缓。

卸荷应力水平的影响容易受到围压的掩盖，而围压会增强卸荷速率的影响。

第3章 岩石卸荷破坏过程能量演化规律

应力—应变曲线是岩石热力学状态某一方面的表征，是描述岩石特定力学状态的重要手段。实际中岩体自身宏细观结构含有大量结构不连续、形态不规则的裂隙或节理，为非均匀非连续介质；同时岩体处于荷载复杂的地下工程环境，岩体的破坏力学行为与赋存环境的应力状态密切相关，岩体的变形破坏过程是不确定的损伤破坏过程，局部的高应力或者高应变会引起岩石损伤、强度丧失，但并不一定会引起破坏。在此前提下，基于应力—应变关系建立的强度准则很难真实反映岩体复杂的强度变化与破坏行为。

从热力学角度可知，物质物理过程的本质特征是能量转化，物质的破坏过程可以理解为物质在能量驱动下的一种状态失稳现象。因此，抓住岩体变形破坏的能量本质，详细分析岩体变形破坏过程中的能量演化规律，就有可能更真实地反映岩体的变形破坏规律，更好地反映出岩石损伤、破坏与能量的本质特征。

3.1 能 量 法 原 理

由热力学第一定律，封闭系统内，物质物理过程变化与外界不存在热交换。也就是说，将岩样与试验机理解为一个封闭系统，试验机对岩样做功，岩样单元在试验机作用下出现变形、破坏等现象，试验机与岩样单元之间进行能量交换，但与外界不存在能量交换。

根据热力学定律，能量可以理解为外力做功。在单轴压缩路径试验中，试验机对岩样做功即为岩样轴向变形所做的功，即岩样实际吸收的轴向能量 $U_\text{轴}$，其计算公式为

$$U_\text{轴} = \int \sigma_1 \mathrm{d}\varepsilon_1 = \sum_{i=0}^{n} \frac{1}{2}(\varepsilon_{1i+1} - \varepsilon_{1i})(\sigma_{1i} + \sigma_{1i+1}) \tag{3.1}$$

式中：σ_1 为岩样轴向应力；ε_1 为岩样在轴向应力作用下产生的轴向应变；σ_{1i}、ε_{1i} 分别为岩样应力—应变曲线上某点对应的轴向应力和轴向应变。

在三轴加、卸荷路径试验中，不仅试验机对岩样做功，围压同样对岩样做功，因此岩样吸收的总能量 $U_\text{总}$ 包括轴向应力对岩样持续做的正功、岩样环向变形正向增大（试验分析及后续计算过程中取岩样压缩变形为正）时围压做的正功以及岩样环向变形负向增长时（如剪胀、滑动变形等）围压对岩样做的负功。$U_\text{总}$ 的计算公式为

$$U_\text{总} = U_1 + U_3 \tag{3.2}$$

式中：U_1 和 U_3 分别为岩样轴向变形产生的轴向应变能和环向变形产生的环向应变能，

U_1 代表的功（即轴向应变能）一般为正值，U_3 代表的功（即环向应变能）在试验初期一般为正值，随着试验的进行基本为负值。U_1 和 U_3 的计算公式分别为

$$U_1 = \int \sigma_1 \mathrm{d}\varepsilon_1 = \sum_{i=0}^{n} \frac{1}{2} (\varepsilon_{1i+1} - \varepsilon_{1i})(\sigma_{1i} + \sigma_{1i+1}) \tag{3.3}$$

$$U_3 = 2\int \sigma_3 \mathrm{d}\left(\frac{\varepsilon_3}{2}\right) = \sum_{i=0}^{n} (\varepsilon_{3i+1} - \varepsilon_{3i})(\sigma_{3i} + \sigma_{3i+1}) \tag{3.4}$$

式中：σ_3 为岩样环向应力（即围压）；ε_3 为岩样产生的环向应变；σ_{3i}、ε_{3i} 分别为岩样应力—应变曲线上某点对应的环向应力和环向应变。

特别指出，岩样破坏后环向应变沿轴向分布极不均匀，中间大、两端小，试验中测量环形应变的链条置于岩样中部，量测的环向变形实际上是其最大值，所以利用式（3.4）计算时假设环向变形为试验测量值的一半。同时由于环向变形的粗略估计，在总能量计算过程中，变形大于一定量值时总能量会出现明显的负值，此负值段总能量不适合用于定量分析，但可用于定性分析。

本文能量曲线计算采用自编程序，图 3.1 为能量曲线计算命令流。

```
fid=fopen（' 能量曲线数据。csv'，'wt'）；
for i=1: num−1;
    if x（i）<=x（i+1）
        s（i）=x（i）*（y（i+1）−y（i））+0.5*（x（i+1）−x（i））*（y（i+1）−y（i））；
        %升序数值面积，矩形+三角形
    end;
    if x（i）>x（i+1）
        s（i）=x（i+1）*（y（i+1）−y（i））+0.5*（x（i）−x（i+1））*（y（i+1）−y（i））；
        %降序数值面积，矩形+三角形
    end;
    ss（i）=sum（s）；
    sss=sprintf（'%d %d %d %d\n'，y（i），XX，y（i），ss（i））；
    fprintf（fid，sss）；
end;
```

图 3.1　能量曲线计算命令流

3.2　常规三轴加荷破坏试验

岩样破坏是一种过程性的累积性破坏，通常通过分析常规三轴试验破坏过程中的能量变化来研究加荷破坏过程中的能量演化规律。在能量分析过程中，一般与岩样承载力变化相结合，如 11# 岩样在围压 10MPa 时常规三轴加荷破坏的试验曲线（图 3.2）。图 3.2 中曲线Ⅰ为岩样的轴向应力—应变曲线；曲线Ⅱ为试验机对岩样做功而得到的轴向能量一应

变曲线；曲线Ⅲ为三轴应力状态下岩样实际吸收的总能量—应变曲线，破坏点在试样应力—应变曲线峰后应力突降处。

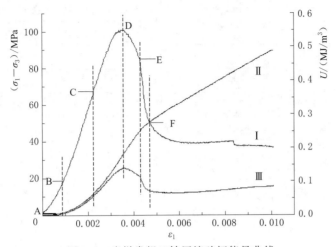

图 3.2　岩样常规三轴压缩破坏能量曲线

Ⅰ—应力—应变曲线；Ⅱ—轴向能量—应变曲线；Ⅲ—总能量—应变曲线

3.2.1　能量演化规律

由图 3.2 可知，对应压密段 AB 的能量曲线Ⅱ与曲线Ⅲ基本重合，表明岩样吸收的能量基本全用于初始裂纹的闭合、摩擦滑移等。曲线呈非线性抛物线增长，增长速率较小，均增长至 0.01MJ/m^3。

对应线弹性段 BC 的能量曲线Ⅱ，可分析得出岩样内部的裂隙已经压实，但由于应力集中，微裂纹的萌生、扩展等，岩样依旧消耗少量能量，因此并不是完全意义上的弹性。曲线呈抛物线增加，增长速率逐渐增大。能量曲线Ⅲ与曲线Ⅱ的规律相似，但能量曲线Ⅱ的增长速率逐渐大于曲线Ⅲ，曲线Ⅱ增长至 0.06MJ/m^3，而曲线Ⅲ增长至 0.05MJ/m^3。

对应屈服弱化段 CE 的轴向能量曲线Ⅱ，轴向应力差增加变慢而环向变形增加较快，表明岩样内部裂纹的贯通、宏观裂纹的产生、扩展，进一步提高了耗散能在能量分配中所占的比例，曲线存在一个速率突然变化的拐点。曲线Ⅱ增长至 0.25MJ/m^3，而总能量曲线Ⅲ对应曲线Ⅰ峰前 CD 段，增长速率逐步减小，与曲线Ⅱ之间的差距进一步增大，直至峰值 D；对应峰后 DE 段，曲线Ⅲ呈负向增长，直至 E 点，达到 0.11MJ/m^3。

对应整体破坏段 EF，岩样轴向应力突降，能量曲线Ⅱ与曲线Ⅲ（负向增长）增长速率都降低，但曲线Ⅲ的速率要明显高于曲线Ⅱ，对应轴向应力—应变曲线 F 点两者都维持稳定。

3.2.2　围压的影响

部分常规三轴试验的具体结果如表 3.1 所示，表中破坏点是指岩样轴向应力峰后屈服破坏，承载力明显降低的部位；为分析围压对加荷条件下能量演化规律的影响，将表 3.1 中能量值整理成图 3.3。

表 3.1   常 规 三 轴 试 验 结 果

试样编号	围压/MPa	峰值应力差/MPa	峰值点轴向能量/(MJ/m³)	峰值点总能量/(MJ/m³)	破坏点轴向能量/(MJ/m³)	破坏点总能量/(MJ/m³)	破坏点环向应变
39	0	73.6	0.0891	0.0891	0.0933	0.0933	−0.0017
11	10	100.95	0.1712	0.1545	0.2486	0.1805	−0.0067
12	20	113.01	0.2059	0.1717	0.3456	0.1996	−0.0071
13	30	119.89	0.2421	0.1801	0.4099	0.1876	−0.0072
14	40	129.67	0.2937	0.1944	0.5194	0.1519	−0.0090

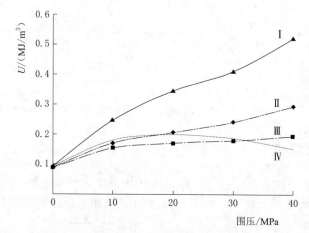

图 3.3 岩样加载破坏的能量—围压曲线

Ⅰ—破坏点轴向能量—围压曲线；Ⅱ—峰值点轴向能量—围压曲线；

Ⅲ—峰值点总能量—围压曲线；Ⅳ—破坏点总能量—围压曲线

同时为更好地表述围压的影响，将轴向能量与总能量分开整理，如图 3.4 所示。

对比图 3.3 在不同围压下的常规三轴加荷试验。从轴向应力—应变曲线Ⅰ来看，围压最显著的影响体现在峰值附近，围压越低，岩样峰值应力差越低，峰后应变变化率越高，岩样破坏越突然，岩样的残余承载能力越低，破坏时的应变也相对较高。峰值应力差、破坏点环向应变值具体如表 3.1 所示。

图 3.4（a）与图 3.4（b）中的轴向能量—应变曲线在总体趋势上没有随围压出现明显的波动，但围压改变了曲线Ⅱ进入弹性阶段的增长率。围压高，岩样要达到与低围压相同的应变，岩样内部裂纹发生不稳定的扩展、贯通、塑性滑移等就需要消耗更多的能量来克服围压的影响，因而轴向能量在峰值点处、破坏点处也相对高。具体轴向能量值见表 3.1。围压对轴向能量的影响如图 3.3 中的曲线Ⅰ与曲线Ⅱ和图 3.4（a）所示。

总能量—应变曲线Ⅲ在趋势上也基本没有随围压出现太明显的波动，但围压越高，曲线Ⅲ的峰后负向增长率越大，峰值点的总能量也会增大，岩样消耗能量随围压而增多，导致破坏点的总能量出现减小的趋势。具体总能量值见表 3.1。围压对总能量的影响如图 3.3 中的曲线Ⅲ与曲线Ⅳ和图 3.4（b）所示。

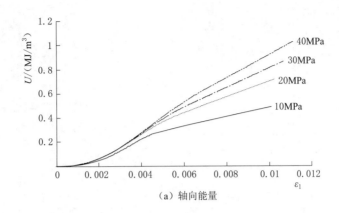

（a）轴向能量

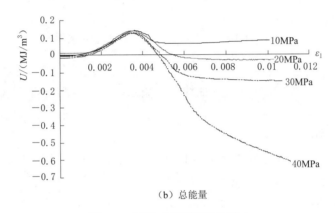

（b）总能量

图 3.4　围压对岩样能量的影响

图 3.4 中曲线 Ⅱ 与曲线 Ⅲ 在不同应变时的能量差，表征岩样在不同应变时内部消耗的能量。弹性阶段前能量差基本接近于 0，从塑性阶段开始，能量差逐渐增大，在岩样轴向应力—应变曲线 Ⅰ 破坏点处，围压从 10MPa 增加到 40MPa，能量差从 0.0681MJ/m³ 增加到 0.3675MJ/m³，表明岩样在塑性阶段出现明显的能量消耗。围压增加，常规三轴路径峰前能量差逐渐增大，峰后能量差的变化更加明显。

3.3　恒轴压、卸围压破坏试验

本节将分析岩样保持轴压恒定的同时进行围压卸荷试验的能量演化规律。

3.3.1　能量演化规律

图 3.5 为 50# 岩样在围压 40MPa 时，在峰值轴向应力峰前 80% 处保持轴压恒定，以 0.6MPa/s 速率进行卸围压破坏的能量演化规律。

对应轴向应力—应变曲线 Ⅰ 压密段 AB 的能量曲线 Ⅱ 与曲线 Ⅲ 基本重合，均呈非线性抛物线增长至 0.014MJ/m³，增长速率较小。

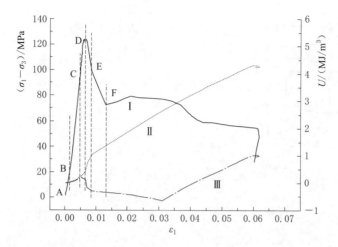

图 3.5　恒轴压、卸围压岩样破坏的能量演化规律

Ⅰ—轴向应力—应变曲线；Ⅱ—轴向能量—应变曲线；Ⅲ—总能量—应变曲线

对应线弹性段 BC 的能量曲线Ⅱ与曲线Ⅲ呈抛物线增加，两者增长速率相近且逐渐增大，但能量曲线Ⅱ的增长速率从一开始就逐渐大于曲线Ⅲ，曲线Ⅱ增长至 0.201MJ/m^3，曲线Ⅲ增长至 0.152MJ/m^3。

对应屈服弱化 CE 段的能量曲线Ⅱ与曲线Ⅲ，曲线之间的差别非常明显。曲线Ⅱ的 CE 段增长速率呈增大趋势，峰值轴向应力峰前 CD 段速率高于 BC 段，而峰后 DE 段的增长速率最高，表明岩样破坏前试验机做功更多，曲线Ⅱ在 D 点为 0.397MJ/m^3，E 点为 1.017MJ/m^3；曲线Ⅲ的 CE 段出现负向增长，峰前 CD 段负向增长速率并不高，峰后 DE 段负向增长明显，表明峰值轴向应力之后的岩样开始出现宏观破坏，围压负功较明显，曲线Ⅲ在 D 点为 0.114MJ/m^3，E 点为 -0.305MJ/m^3。

对应整体破坏段 EF，能量曲线Ⅱ的正向增长速率与曲线Ⅲ的负向增长速率都有所降低，低于屈服弱化的 DE 段，表明此阶段岩样破坏贯通基本处于宏观滑动状态。

3.3.2　卸荷围压的影响

图 3.6 为 120# 与 52# 岩样分别在围压 20MPa 与 40MPa 时，在峰值轴向应力峰前 80% 处保持轴压恒定，以 0.2MPa/s 速率进行卸围压试验的能量演化规律。

从轴向能量—应变曲线来看，围压 20MPa 的初期轴向能量增长速率高于 40MPa，表明低卸荷速率下岩样变形大，试验机做功多；在轴向应变 0.006 附近轴向应变增长出现拐点，围压 40MPa 增长速率开始高于围压 20MPa，随后轴向能量线性增加，表明破坏后围压高的岩样消耗更多的能量。

从总能量—应变曲线来看，初期总能量与轴向能量规律相似，低围压下岩样总能量增长速率高于高围压，但岩样卸荷后，不同围压岩样总能量均开始负向增长。围压 20MPa 岩样拐点对应轴向应变为 0.003，围压 40MPa 岩样为 0.005，表明低围压下卸荷岩样破坏

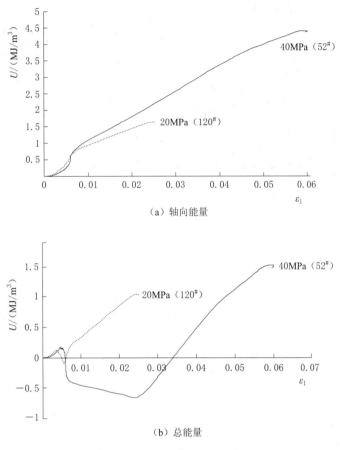

（a）轴向能量

（b）总能量

图 3.6 围压对岩样能量演化规律的影响

更早，并引起围压做负功迅速增大；但围压 20MPa 岩样拐点后总能量降低速率小于 40MPa 岩样，表明高围压下岩样破坏剧烈；同时由于围压负功对岩样总能量的影响，高围压总能量负向增长段的持续时间较长。对比图 3.6（a）与图 3.6（b），围压对岩样能量曲线的影响主要体现在岩样实际吸收的总能量。

3.3.3 卸荷速率的影响

图 3.7 为 126# 与 127# 岩样在围压 20MPa 时，在峰值轴向应力峰前 80% 处保持轴压恒定，分别以 0.6MPa/s 与 0.8MPa/s 速率进行卸围压试验的能量演化规律。

从轴向能量来看，卸荷开始后，126# 岩样的轴向能量增长速率微高于 127# 岩样，表明低卸荷速率下卸围压岩样的围压降低速率慢，相同时间内岩样围压相对较高，要达到相同的轴向应变，试验机需要做更多的功。

从总能量来看，126# 岩样的能量持续增大，不同阶段增长速率不同，岩样破坏前塑性阶段实际吸收的总能量增长速率最大。而 127# 岩样卸荷后总能量迅速负向增长，直至

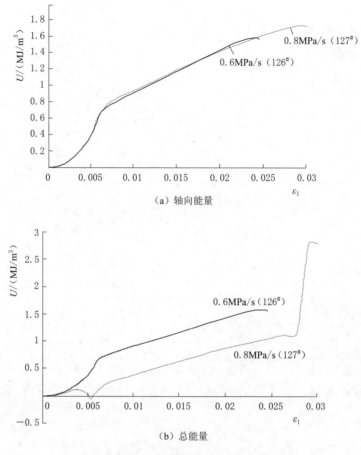

（a）轴向能量

（b）总能量

图 3.7　卸荷速率对岩样能量演化规律的影响

岩样完全破坏，表明高卸荷速率下岩样卸围压后迅速变形，且围压做负功，总能量曲线呈负向增长态势。

3.3.4　卸荷应力水平的影响

图 3.8 为 $105^{\#}$ 与 $52^{\#}$ 岩样在围压 40MPa 时，分别在峰值轴向应力峰前 60% 与 80% 处保持轴压恒定，以 0.2MPa/s 速率进行卸围压试验的能量演化规律。

岩样的轴向能量变化如图 3.8（a）所示，卸荷前轴向能量的差别主要是由于岩样自身性质的不同，如 $105^{\#}$ 岩样强度偏低，相同条件下轴向应变较 $52^{\#}$ 大，从而引起轴向能量的差别；$52^{\#}$ 岩样卸荷能量迅速增大，而 $105^{\#}$ 相对平缓，表明塑性区内卸荷岩样变形迅速增大，会引起轴向能量增长速率增大。

卸荷后不同卸荷水平岩样的总能量均出现负向增长，直至岩样完全破坏才逐渐增大，如图 3.8（b）所示，$52^{\#}$ 岩样卸荷点后的总能量负向增长速率要高于 $105^{\#}$ 岩样，表明越接近轴向应力峰值，卸荷岩样破坏越剧烈。

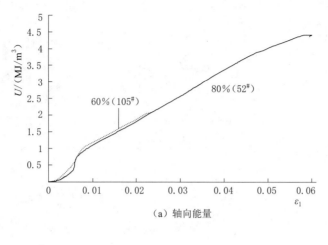

（a）轴向能量

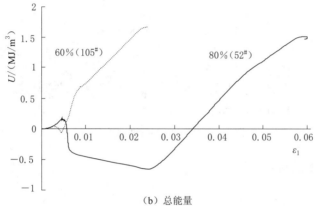

（b）总能量

图 3.8 卸荷水平对岩样能量演化规律的影响

3.4 位移控制加轴压、卸围压破坏试验

本节将分析岩样通过位移控制的方式增加轴压，同时进行围压卸荷试验的能量演化规律。

3.4.1 能量演化规律

图 3.9 为 55$^\#$ 岩样围压 10MPa 时，在峰值轴向应力峰前 60% 处位移控制加轴压，同时以 0.6MPa/s 速率进行卸围压破坏试验的过程曲线。

对应轴向应力—应变曲线 Ⅰ 压密段 AB 的能量曲线 Ⅱ 与曲线 Ⅲ 基本重合，呈非线性抛物线增长，增长速率较小，均增长至 0.012MJ/m^3。

对应线弹性段 BC 的能量曲线 Ⅱ 与曲线 Ⅲ 呈抛物线增加，增长速率逐渐增大，且能量曲线 Ⅱ 的增长速率逐渐大于曲线 Ⅲ，曲线 Ⅱ 增长至 0.095MJ/m^3，曲线 Ⅲ 增长至 0.085MJ/m^3。

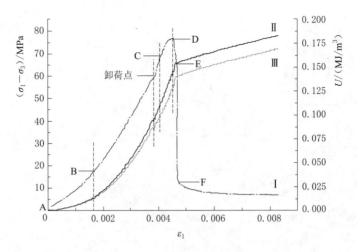

图 3.9　55$^{\#}$ 岩样破坏的过程曲线

Ⅰ—应力—应变曲线；Ⅱ—轴向能量—应变曲线；Ⅲ—总能量—应变曲线

对应屈服弱化段 CE 的能量曲线Ⅱ与曲线Ⅲ，曲线之间的差距逐渐增大，但两者基本都呈近直线增长至 E 点。曲线Ⅱ增长至拐点 E 时轴向能量为 0.155MJ/m³，曲线Ⅲ增长至拐点时总能量达 0.14MJ/m³；拐点后，曲线Ⅱ与曲线Ⅲ增长速率均迅速降低，但保持稳定。

3.4.2　卸荷围压的影响

图 3.10 为 63$^{\#}$ 岩样在围压 30MPa 时，在峰值轴向应力峰前 60％处位移控制加轴压，同时以 0.6MPa/s 速率进行卸围压破坏试验的过程曲线。部分岩样在峰值轴向应力峰前 60％处加轴压，以 0.6MPa/s 速率进行卸围压破坏试验的具体结果如表 3.2 所示，同时将表 3.2 中的具体结果进行处理，如图 3.11 所示。

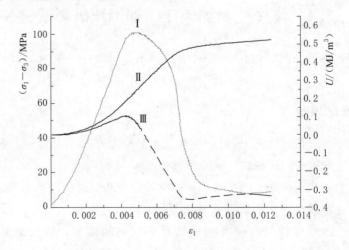

图 3.10　63$^{\#}$ 岩样破坏的过程曲线

Ⅰ—应力—应变曲线；Ⅱ—轴向能量—应变曲线；Ⅲ—总能量—应变曲线

表 3.2			不同围压卸荷试验的具体结果							
试样编号	卸荷围压/MPa	卸荷速率/(MPa/s)	卸荷点轴向能量/(MJ/m³)	卸荷点总能量/(MJ/m³)	峰值应力差/MPa	峰值轴向能量/(MJ/m³)	峰值点总能量/(MJ/m³)	破坏点轴向能量/(MJ/m³)	破坏点总能量/(MJ/m³)	破坏点环向应变
55	10	0.6	0.1328	0.1288	76.83	0.1838	0.176	0.1547	0.1472	−0.0062
59	20	0.6	0.1752	0.1714	89.79	0.2314	0.2201	0.1826	0.158	−0.0042
63	30	0.6	0.1985	0.1874	102.38	0.297	0.2643	0.297	0.2643	−0.0015
67	40	0.6	0.0256	0.0377	113.30	0.1611	0.1188	0.949	0.7895	−0.0079

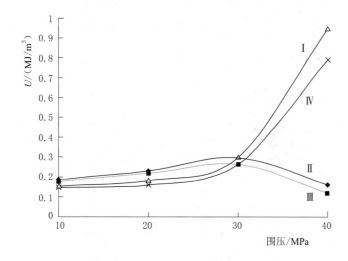

图 3.11 岩样卸荷破坏的能量—围压曲线

Ⅰ—破坏点轴向能量—围压曲线；Ⅱ—峰值点轴向能量—围压曲线；

Ⅲ—峰值点总能量—围压曲线；Ⅳ—破坏点总能量—围压曲线

对比图 3.9 与图 3.10，从轴向能量—应变曲线Ⅱ来看，围压对曲线增长率的影响要比常规三轴路径更明显，尤其是在破坏点 E 附近。低围压时曲线Ⅱ的拐点非常明显，而随围压的增加，曲线Ⅱ在破坏点附近变得更加平缓，如图 3.11 中曲线Ⅱ与曲线Ⅲ。从表 3.2 中各点具体的轴向能量值也可以看出，除了 40MPa 围压方案，其余随着围压的增加，轴向能量值都会增加。

从总能量—应变曲线Ⅲ来看，低围压（10MPa、20MPa）与高围压（30MPa、40MPa）的曲线趋势不一样。低围压时曲线持续增大，在破坏点附近出现拐点；而高围压时曲线拐点在峰值点附近，并且围压越高，总能量曲线越平缓。从表 3.2 中具体的总能量值及图 3.11 中的曲线Ⅰ与曲线Ⅳ也可以看出，在破坏点，岩样围压增大，总能量逐渐增大。

围压为 10MPa 时，能量差为 0.0075MJ/m³，而围压为 40MPa 时，能量差为 0.1594MJ/m³，随围压的增大，能量差逐渐增大，表明能量差的变化与围压大小有关。

3.4.3 卸荷速率的影响

部分试样在不同卸荷速率条件下的能量演化规律如图 3.12 所示。

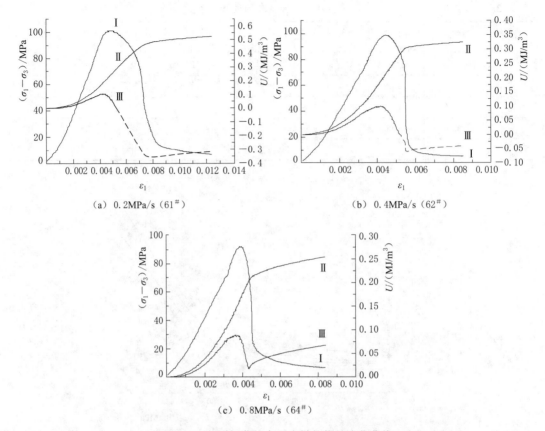

图 3.12　不同卸荷速率下岩样的能量演化曲线

Ⅰ—轴向应力—应变曲线；Ⅱ—轴向能量—应变曲线；Ⅲ—总能量—应变曲线

图 3.12 为 61#、62# 与 64# 岩样在围压 30MPa 时，在峰值轴向应力峰前 60% 处位移控制加轴压，分别以 0.2MPa/s、0.4MPa/s 与 0.8MPa/s 速率进行卸围压试验的能量演化曲线，具体试验结果如表 3.3 所示，同时将表 3.3 中的具体结果进行处理，如图 3.13 所示。

表 3.3　　　　　　　　　　不同卸荷速率下试验的具体结果

试样编号	卸荷围压/MPa	卸荷速率/(MPa/s)	卸荷点轴向能量/(MJ/m³)	卸荷点总能量/(MJ/m³)	峰值轴向应力差/MPa	峰值轴向能量/(MJ/m³)	峰值点总能量/(MJ/m³)	破坏点轴向能量/(MJ/m³)	破坏点总能量/(MJ/m³)	破坏点环向应变
61	30	0.2	0.1997	0.1829	101.26	0.3881	0.2931	0.6063	0.2459	−0.0252
62	30	0.4	0.0307	0.0172	98.8	0.2862	0.2268	1.7235	1.5593	−0.0182
63	30	0.6	0.1985	0.1874	102.38	0.297	0.2643	0.297	0.2643	−0.0015
64	30	0.8	0.1972	0.2104	92.0	0.2442	0.2191	0.3096	0.2225	−0.0010

总体来看，随着卸荷速率变化，轴向能量—应变曲线Ⅱ与总能量—应变曲线Ⅲ在趋势上没有发生非常明显的变化，这与围压对曲线Ⅱ的影响不一样。

从图 3.12 中的曲线Ⅱ可以看出，卸荷速率越高，轴向能量在破坏点附近的拐点越明显，结合表 3.3 中的轴向能量具体值与图 3.13 中曲线Ⅰ可以看出，峰值处的轴向能量随卸荷速率增加而逐渐减小，而对于曲线Ⅲ，卸荷速率的影响并不是很明显。

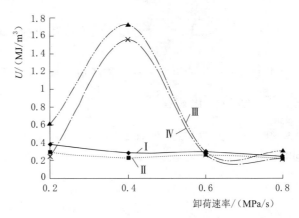

图 3.13 岩样的能量—速率曲线

Ⅰ—峰值点轴向能量—速率曲线；Ⅱ—峰值点总能量—速率曲线；
Ⅲ—破坏点轴向能量—速率曲线；Ⅳ—破坏点总能量—速率曲线

从图 3.12 中曲线Ⅲ来看，对应轴向应力—应变曲线Ⅰ峰值处的拐点，随着卸荷速率的增加，岩样总能量在峰值处附近的变化率越快。结合图 3.13 中的曲线Ⅱ及表 3.3 中峰值点处总能量具体值，峰值处总能量随卸荷速率的增加而减小，而对于破坏点总能量如图 3.13 中的曲线Ⅳ与表 3.3 中的具体值，卸荷速率的影响不是很明显。

从表 3.3 中破坏点处轴向能量与总能量的差来看，卸荷速率 0.2MPa/s 时能量差在 0.3604MJ/m³，而速率为 0.8MPa/s 时能量差已经减小到 0.0871MJ/m³，这表明卸荷速率越快，岩样用于内部消耗的能量越少，大部分能量都会被释放，这对现场开挖有着重要意义。

3.4.4 卸荷应力水平的影响

图 3.14 为 58# 与 73# 岩样在围压 20MPa 时，分别在峰值轴向应力峰前 60% 与 80% 处位移控制增加轴压，以 0.4MPa/s 速率进行卸围压试验的能量演化规律。

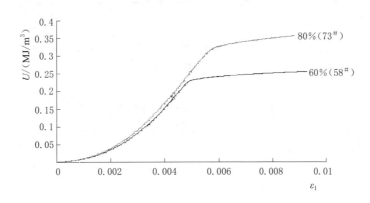

图 3.14 卸荷应力水平对能量演化规律的影响

如图 3.14 所示，不同卸荷水平岩样的轴向能量变化规律很接近。73# 岩样轴向应力峰值峰前 80% 处卸荷后，轴向能量增长速率稍大，表明越接近轴向应力峰值卸荷，试验机需要做的功越多。

3.5　应力控制加轴压、卸围压破坏试验

本节将分析岩样以应力控制方式增加轴压，同时进行围压卸荷试验的能量演化规律。

3.5.1　能量演化规律

图 3.15 为 54$^\#$ 岩样在围压 10MPa 时，在峰值轴向应力峰前 60％处应力控制加轴压，同时以 0.2MPa/s 速率进行卸围压破坏试验的过程曲线。

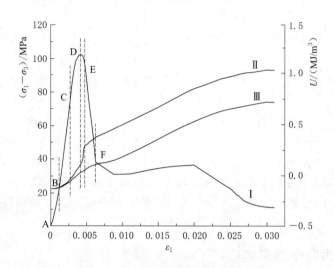

图 3.15　54$^\#$ 岩样破坏的过程曲线

Ⅰ—轴向应力—应变曲线；Ⅱ—轴向能量—应变曲线；Ⅲ—总能量—应变曲线

对应轴向应力—应变曲线Ⅰ压密段 AB 的能量曲线Ⅱ与曲线Ⅲ基本重合，呈非线性抛物线增长，增长速率较小，均增长至 0.012MJ/m^3。

对应线弹性段 BC 的能量曲线Ⅱ与曲线Ⅲ，呈抛物线增加，增长速率逐渐增大，且能量曲线Ⅱ的增长速率逐渐大于曲线Ⅲ，曲线Ⅱ增长至 0.095MJ/m^3，曲线Ⅲ增长至 0.077MJ/m^3。

岩样进入塑性区，对应屈服弱化段 CE 的能量曲线Ⅱ与曲线Ⅲ之间的差距逐渐增大。能量曲线Ⅱ基本呈直线增加到 D 点后，内部裂纹贯通，轴向应变增加，轴向能量增长速率迅速增加，直至岩样破坏点 E，能量值为 0.385MJ/m^3；能量曲线Ⅲ的增长速率与弹性段接近，没有明显增加，峰值轴向应力峰后 DE 段甚至出现降低，E 点能量值为 0.17MJ/m^3。

F 点后岩样能量变形基本保持稳定。

3.5.2　卸荷围压的影响

图 3.16 为 59$^\#$、69$^\#$ 与 61$^\#$ 岩样分别在围压 20MPa、30MPa 与 40MPa 时，在峰值轴向应力峰前 60％处保持轴压恒定，以 0.2MPa/s 速率进行卸围压试验的能量演化规律。

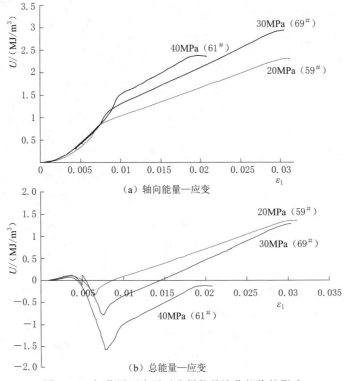

图 3.16 卸荷围压水平对岩样能量演化规律的影响

对比图 3.16（a）的轴向能量—应变曲线与图 3.16（b）的总能量—应变曲线，初期轴向能量在不同围压下基本重合，围压 20MPa 时轴向能量拐点对应的轴向应变为 0.0073，能量值为 0.82MJ/m³；30MPa 时轴向应变为 0.0084，能量值为 1.11MJ/m³；40MPa 时为 0.0098，能量值为 1.48MJ/m³。围压越高，轴向应变越高，能量值越高，即围压越高，试验机做功越高。

从总能量—应变曲线来看，不同围压下初期总能量逐渐增大，围压高时，能量增长速率略低，即围压影响不明显；岩样达到极限承载力后，总能量负向增长，围压越高，负向增长速率越高，同时对应的轴向应变也越大，表明岩样承载力下降的峰后阶段，围压越高，围压做的负功越高，试验机做功主要用于围压消耗。

3.5.3 卸荷速率的影响

图 3.17 为岩样 59#、62# 与 66# 在围压 20MPa 时，在峰值轴向应力峰前 60% 处应力控制加轴压，分别以 0.2MPa/s、0.4MPa/s 与 0.6MPa/s 速率进行卸围压试验的能量演化规律。

轴向能量—应变曲线如图 3.17（a）所示，初期轴向能量在不同卸荷速率下基本重合，卸荷后由于轴向应力恒定增加，轴向能量也随着轴向应变增加，且增加速率由大到小分别为 66#、62#、59# 岩样。岩样破坏后，轴向能量增加速率降低并保持稳定，卸荷速率越高对应的轴向应变、轴向能量越大，59#、62#、66# 岩样对应的轴向应变分别为 0.004、0.0058、0.0073；轴向能量分别为 0.35MJ/m³、0.6MJ/m³、0.8MJ/m³。

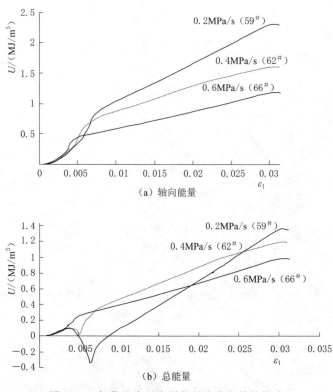

图 3.17 卸荷速率对岩样能量演化规律的影响

从总能量—应变曲线来看，如图 3.17（b）所示，59$^\#$岩样的总能量由负向增长逐渐转为正向，而 66$^\#$岩样的总能量正向增长。岩样破坏后总能量呈线性增加，卸荷速率越高，总能量变化对应的轴向应变越小，59$^\#$、62$^\#$、66$^\#$岩样总能量拐点分别为 $-0.3\mathrm{MJ/m^3}$、$0.03\mathrm{MJ/m^3}$、$0.16\mathrm{MJ/m^3}$。

3.5.4 卸荷应力水平的影响

图 3.18 为 62$^\#$与 5$^\#$岩样在围压 20MPa 时，分别在峰值轴向应力峰前 60% 与 80% 处位移控制增加轴压，以 0.4MPa/s 速率进行卸围压试验的能量演化规律。

岩样的轴向能量变化，如图 3.18（a）所示，卸荷前岩样轴向能量变化基本重合；卸荷开始后，5$^\#$岩样轴向能量迅速增加，表明卸荷水平越接近岩样峰值轴向应力，岩样破坏变形越明显；岩样破坏后，轴向能量保持稳定增加，62$^\#$与 5$^\#$岩样破坏点轴向应变分别为 0.0075、0.0032，轴向能量分别为 $0.76\mathrm{MJ/m^3}$、$0.59\mathrm{MJ/m^3}$，表明卸荷水平越接近岩样峰值轴向应力，岩样破坏越早。

岩样的总能量变化，如图 3.18（b）所示，卸荷后 62$^\#$岩样总能量负向增长，而 5$^\#$岩样总能量正向增加；岩样破坏后，总能量均稳定增加，表明卸荷水平越接近峰值轴向应力，岩样破坏越剧烈，环向变形越小，围压做功越少，岩样吸收的总能量越多，低卸荷水平岩样的总能量甚至负向增长。62$^\#$与 5$^\#$岩样破坏点对应的总能量分别为 $0.003\mathrm{MJ/m^3}$、$0.34\mathrm{MJ/m^3}$。

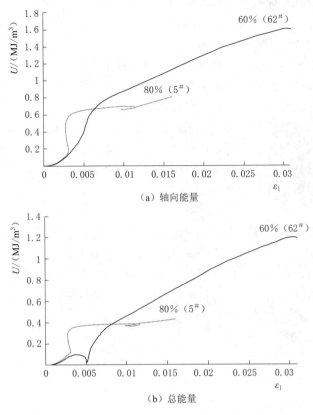

图 3.18 卸荷水平对岩样能量演化规律的影响

3.6 小　　结

1. 能量演化规律

应力—应变曲线的不同阶段，能量演化规律也不同。

压密阶段，不同应力路径试验均处于加荷应力状态，轴向能量曲线与总能量曲线均呈非线性抛物型增长，增长速率较小。

线弹性阶段，不同应力路径试验同样处于加荷应力状态，岩样内部的裂隙已经压实，但由于应力集中，微裂纹的萌生、扩展等，岩样依旧消耗少量能量，并不是完全意义上的弹性，能量曲线呈抛物线增加，轴向能量曲线速率与总能量曲线速率开始时很接近，但后来前者增长速率逐渐大于后者。

不同应力路径试验岩样的压密阶段与线弹性阶段的能量演化规律基本相同。

屈服弱化阶段，岩样处于不同的加、卸荷应力环境下，岩样内部裂纹的贯通、宏观裂纹的产生、扩展进一步提高了耗散能在能量分配中所占的比例，轴向能量曲线大致呈线性增加，增长速率基本稳定，承载力峰值过后，轴向能量曲线的增长速率减小。不同应力路径下，岩样轴向能量曲线的演化趋势基本相似；常规三轴加荷路径与位移控制加轴压、卸围压路径试验岩样总能量曲线在承载能力峰值处出现拐点；恒轴压、卸围压路径试验岩样拐点则出现在承载能力峰前卸荷点处；而应力控制加轴压、卸围压路径试验岩样总能量曲线与轴向能量曲线基本呈相似增长状态。

破坏后阶段，轴向能量与总能量曲线增长速率稳定。

总的来看，不同应力路径下岩样破坏过程的轴向能量曲线都是一条非线性曲线，一开始增长速率较小，随后慢慢增大，达到极值后，增长速率大致稳定；经历了缓慢增长—快速增长—缓慢增长—释放的演化过程。不同应力路径下岩样破坏过程的总能量曲线随着轴向应力的增加呈非线性增长，一开始增长速率较小，随后慢慢增大，达到峰值后，逐渐减小至稳定；经历了缓慢增长—快速增长—缓慢减小—释放等阶段。应力路径对能量曲线的影响主要表现在屈服弱化阶段。

2. 围压的影响

轴向能量—应变曲线总体趋势上没有随围压出现明显的波动，但围压高的岩样消耗更多的能量，会改变曲线增长率。而总能量—应变曲线趋势上也基本没有随围压出现太明显的波动，但围压越高，岩样破坏越剧烈，岩样消耗能量随围压而增多，岩样总能量曲线负向增长越明显。特殊点处轴向能量与总能量差值增大。围压对不同应力路径试验岩样的影响基本相同。

3. 卸荷速率的影响

卸荷速率低时，要达到相同的轴向应变，试验机需要做更多的功，轴向能量增长速率高于卸荷速率；卸荷速率越高，岩样破坏时轴向能量增加，卸荷点处轴向能量曲线转折更明显。

高卸荷速率条件下岩样卸围压迅速变形，围压做负功越多，总能量曲线呈负向增长态势越明显。卸荷速率越快，破坏点处总能量差明显减小，岩样用于内部消耗的能量越少，岩样破坏越剧烈。

4. 卸荷应力水平的影响

卸荷水平越高，塑性阶段内卸荷岩样变形增长越迅速，试验机需要做更多的功，轴向能量增长速率也增大；卸荷水平接近岩样承载能力峰值时，总能量曲线负向增长速率更高，岩样破坏更剧烈。

第4章 岩石卸荷破坏过程声发射特征

在外界荷载作用下，材料出现变形或内部有微裂纹产生、扩展甚至贯通，在这个过程中瞬时应变能会以弹性波的形式快速释放，这种现象便是声发射（即 AE）。实际中大部分物质材料均含有可见或不可见的裂纹，外部环境变化会引起材料宏细观裂纹变化，宏观上看，材料结构单元之间产生相对变形；细观上看，材料内部晶体错位，微裂纹扩展。声发射是通过应力波产生声发射信号的形式，反映在外荷载作用下材料内部裂纹演化规律及能量释放规律，与材料自身缺陷息息相关。大理岩作为一种常用的硬脆性材料，外界荷载环境变化会引起岩样内部裂纹变化，从而引起岩样声发射现象的变化，这与岩样自身物理力学性质、应力路径密切相关。本文通过对大理岩岩样声发射特征的研究，分析不同应力路径下，大理岩破坏过程中的声发射演化规律，反演大理岩的破坏机理。

4.1 声发射试验

应力路径、岩样强度、变形及破坏特征均不一样，由内部裂隙发展引起的声发射现象也不同。

4.1.1 声发射试验原理

文中试验采用 AE21C 声发射检测系统。

岩样在试验机与围压作用下，内部微裂隙出现应力集中现象，当应力超过岩样的承受极限时，微裂隙进一步扩展直至贯通，岩样丧失承载力。在这个破坏过程中，岩样内部结构失稳释放出的能量会以弹性波的形式释放出来，也就是说岩样声发射波是短时间内伴随岩样裂纹扩展释放的应变能而产生的弹性波。声发射检测技术就是利用声发射仪器检测岩样的声发射信号，通过处理分析声发射信号参数或波形来反馈岩样内部裂纹的发展。岩样声发射信号是放大声发射换能器接收到的岩样声发射波而得到的电信号。

固体中弹性波分为纵波（P 波）与横波（S 波），纵波与横波遇到界面时，生成沿表面传播的表面波（R 波）。弹性波中纵波最先到达，其次是横波，最后是表面波。在实际应用中，界面之间的弹性波经过多重反射后才能到达换能器，并且反射时横波与纵波相互转换。

声发射检测系统采集如下参数来分析表征岩样内部裂隙的发展。

（1）撞击计数。声发射信号后处理过程中，计数撞击的个数是处理声发射信号参数的一种方法。撞击计数率为岩样单位时间内的撞击数之和。撞击累计数为整个岩样试验过程发生的声发射撞击的总数。岩样内部裂纹的每一步扩展，都伴随声发射撞击的产生，撞击数表征了岩样内裂纹扩展的次数及扩展速率，从而体现了声发射波发生的数量和频度。

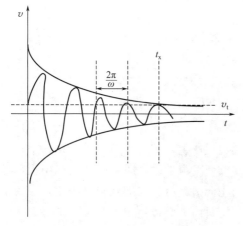

图 4.1　一个撞击的振铃信号

（2）振铃计数。振铃计数是振铃脉冲越过门槛的次数，可以记录一个撞击内的振铃数，也可以记录振铃计数率和累计振铃计数率，可将一个撞击的振铃信号表示为阻尼正弦波，如图 4.1 所示。

$$v = V_\mathrm{P} \mathrm{e}^{-\beta t_x \sin \omega t} \tag{4.1}$$

式中：V_P 为纵波波速；v 为瞬时电压；ω 为角频率；β 为衰减系数；t 为时间；t_x 为振铃信号下降到门槛 v_t 所需的时间。

如果 t_x 远大于振荡周期 $2\pi/\omega$，则振铃数 N 为

$$N = \frac{\omega t_x}{2\pi} \tag{4.2}$$

式（4.1）可以近似表示为

$$v \approx V_\mathrm{P} \cdot \mathrm{e}^{-\beta t} \tag{4.3}$$

将式（4.3）代入式（4.2）得

$$N = \frac{\omega}{2\pi\beta} \cdot \ln \frac{V_\mathrm{P}}{V_\mathrm{t}} \tag{4.4}$$

由式（4.4）可以看出一个事件的振铃数与换能器的阻尼特性、谐振频率、门槛与幅度等因素有关。门槛固定的前提下，式（4.4）可变为

$$\tau = \frac{\sigma_1}{2}\cos\varphi \tag{4.5}$$

（3）能量与能量计数。一次撞击的能量表示为

$$E = \frac{1}{R}\int_0^\infty v^2(t)\,\mathrm{d}t \tag{4.6}$$

式中：R 为测量电路阻抗；$v(t)$ 为随时间变化的瞬时电压。

式（4.6）采用积分的形式，结合积分原理可以看出，对声发射脉冲信号平方，对信号包络检波并进一步计算包络线所围成的面积，可以作为声发射信号的能量量度。

从图 4.1 中可以看出，一个撞击的能量值大小与撞击信号的幅度值、持续时间有着直接关系，代表了声发射信号的强度。能量计数有三种方式：计数一个声发射撞击的能量、单位采样时间内的能量（即能量计数率）以及一定采样时间内的总能量值（即累计能量计数率）。

通过比较不同卸荷路径下声发射参数的变化可分析卸荷路径对岩样破坏过程的影响。

4.1.2 声发射试验

大理岩岩样不同路径加、卸荷的声发射试验步骤如下：

（1）用游标卡尺测量岩样的高度和直径，并用声波仪记录岩样波速。

（2）用热缩膜和胶带密封岩样，并将岩样放入试验机压力室。

（3）单轴试验时，声发射探头固定于试样表面；三轴试验时，在声发射探头检测面与压力室之间涂一层凡士林，并用胶带固定声发射探头置于油缸表面，如图 4.2 所示。

（4）设置声发射检测系统的相关参数。其中，增益值 32dB，门槛值 32dB，撞击时间 50μs，撞击间隔 300μs，采样 100ms/次。

（5）岩样单轴试验与常规三轴试验时，试验机和声发射仪均同时启动；三轴卸荷试验在围压达到设定值后，进行下一步卸围压试验时，试验机和声发射仪系统也同时启动，试件破坏后，停止声发射信号采集。

图 4.2 三轴试验声发射探头布置图

分析过程中，由于声发射事件的最大计数率要远高于其他计数率，会掩盖变化过程中的声发射事件变化规律，因此需要对轴向应力差—时间—振铃计数率曲线中的最大振铃计数率进行处理，即在曲线显示中人为降低最大振铃计数率，其余计数率不变，以凸显声发射事件的变化规律。

声发射—时间曲线比声发射—应变曲线更能反映岩样在破坏过程中声发射的演化规律，因此将应力—应变曲线转化为应力—时间曲线。

4.1.3 声发射分形维数计算方法

声发射作为表征材料变形破坏的特征物理量，理论上讲，每一个声发射事件都对应材料内部的破裂变化。朱传镇等证明时间域上的声发射事件分布具有分形特征，但测量精度的限制以及序列自身可能存在的本质上的非确定性等问题，严重制约着对时间序列内在机制的研究，仅仅从时间序列自身切入确定维数自然带有相当的局限性。

延迟坐标状态空间重构法是针对给定的时间序列研究对象（如 y_1，y_2，y_3，…，y_n），将序列扩展到三维甚至更高维的空间中，从而揭露时间序列中蕴含着的重要信息。Takens 证明对于维数 $m \geqslant 2d + 1$（d 为序列的维数）的延迟坐标，可以确定一个合适的嵌入维，从而将嵌入维空间中有规律的轨迹恢复出来。

常用的计算方法为 G-P 算法，具体过程如下：

（1）对试验测得的对象时间序列 y_1，y_2，y_3，…，y_n，选定较小的维数 m 以及时间迟滞参数 τ，确定新的重构相空间，其计算公式为：

$$Y(t_i) = \{y(t_i), y(t_i + \tau), \cdots, y[t_i + (m-1)\tau], \cdots\} \quad (i = 1, 2, \cdots) \quad (4.7)$$

（2）依据 Takens 定理，计算关联函数的公式为

$$W(r) = \frac{1}{N^2} \sum_{i,j}^{N} u(r - |Y_i - Y_j|) \quad (4.8)$$

$$u(r-|Y_i-Y_j|)=\begin{cases}1 & u(r-|Y_i-Y_j|)\geqslant 0\\ 0 & u(r-|Y_i-Y_j|)<0\end{cases} \tag{4.9}$$

式中：r 为量测尺度；u 为 Heaviside 函数；$|Y_i-Y_j|$ 为序列空间相点 Y_i 与 Y_j 间的距离。

关联函数［式（4.8）］可以理解为累积分布函数，表示序列空间中两点之间小于 r 的概率。

（3）累积分布函数 $W(r)$ 与序列维数 $d(m)$ 满足对数线性关系，表示为 $d(m)=\ln W(r)/\ln r$，由此拟合求出对应 m 的 $d(m)$。

（4）增加嵌入维数 m，重复上述步骤（1）～（3），直至 $d(m)$ 不再随 m 增长且维持在一定误差范围内时，此时的 $d(m)$ 即为序列的关联维数。

依据上述具体过程，对 G－P 算法自编程序部分命令流，如图 4.3 所示。

```
float sampleSet[SAMPLE_CAPACITY];
int i = 0;
int rc;
while( EOF != (rc=fscanf(srcFile, "%f", &sampleSet[i])) ){
    if(0 == rc)
        continue;
    else
        i++;
}
fclose(srcFile);

sgn<10> signalSet(i, sampleSet);

if(!signalSet.init()){
    system("pause");
    return -2;
}

// signalSet.dump();

FILE* proFile;
proFile = fopen(DATA_PRO, "w");
if(NULL == proFile){
    printf("打开文件<%s>失败\n", DATA_PRO);
    return -1;
}
fprintf(proFile, "%8c\t%8c\n", 'r', 'w');
```

图 4.3　G－P 算法部分程序截图

4.2　不同应力路径破坏过程声发射特征演化规律

通过研究不同路径试验破坏过程中的声发射特征变化，来研究大理岩岩样在不同路径破坏过程中的声发射演化规律。

4.2.1　常规三轴加荷路径

图 4.4 为 112# 岩样在单轴压缩试验条件下的声发射振铃计数率变化规律。

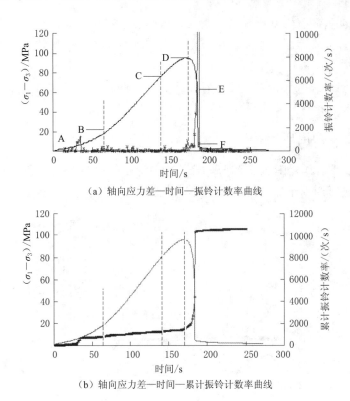

（a）轴向应力差—时间—振铃计数率曲线

（b）轴向应力差—时间—累计振铃计数率曲线

图 4.4　112#岩样声发射变化规律

结合 2.2 节中的常规分析，应力—时间曲线 AB 段对应应力—应变曲线的初始压密阶段 AB，此时岩样内部原有裂隙初步闭合，从其对应的声发射—时间曲线以及累计声发射—时间曲线来看，压密阶段就开始出现不同程度的声发射活动，在峰值轴向应力的 6.3%，时间 34s 左右，声发射事件计数由 20 次/s 左右增加至 800 次/s 左右，但与整个破坏过程中的事件计数最大值相比很小。这表明在压缩初期，岩样处于较低的应力状态导致岩样内部的原始裂纹开始闭合，而闭合过程中或闭合后粗糙面的咬合产生了声发射事件，但能量相对较低，闭合完成后声发射事件减少。

应力—应变曲线弹性阶段 BC 对应图 4.4 中的应力—时间曲线 BC 段，应力—时间曲线呈线性增长，声发射计数与能量计数依然较少，计数率基本维持在 80 次/s 附近，在峰值应力的 21%，时间 67s、94s、107s 左右，计数率偶尔出现 300 次/s。但累计声发射计数与累计声发射能量均缓慢增加，原始裂隙闭合摩擦滑移产生声发射事件，总体较低，但微高于压密阶段，出现的少量裂隙偶尔引发声发射事件。

进入应力—应变曲线屈服段 CE，对应于图 4.4 应力—时间曲线的 CE 段，屈服初期 C 至峰值 D 处，声发射开始出现活跃，但增幅不是很大，整体与 BC 段的 80 次/s 接近，但在峰值应力 82% 处，时间 142s，声发射事件计数率达到 411 次/s；屈服段后期 D 处左右出现明显活跃，计数率为 922 次/s，从峰值处开始计数率保持在 500 次/s 左右，明显高于峰前各阶段，计数率在 E 处 185s 出现最大值 58532 次/s。屈服阶段初期，岩样受力的持续增加导致产生新裂隙，声发射事件逐渐活跃，这个过程持续到岩样受力达到峰值承载极限时；屈服段后期，新裂纹开始聚合、贯通，岩样开始宏观裂隙，破裂面之间的相互作用加剧，声发射事件异常活跃，直至屈服极限时岩样突然破坏，声发射计数、能量都达到整个破坏过程的最大值。

E 点后，岩样失去承载能力，此时岩样已产生宏观滑移，声发射事件迅速降低，声发射计数率在 80 次/s 左右，要比峰前段低了很多。

4.2.2　恒轴压、卸围压路径

图 4.5 为 120# 岩样在围压 20MPa，峰值轴向应力峰前 80% 处保持轴压恒定，同时以 0.2MPa/s 速率进行卸围压加荷破坏试验的试验曲线。

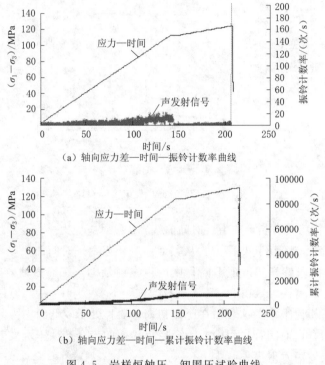

（a）轴向应力差—时间—振铃计数率曲线

（b）轴向应力差—时间—累计振铃计数率曲线

图 4.5　岩样恒轴压、卸围压试验曲线

与常规三轴路径相比，恒轴压、卸围压路径下 120# 试样在卸荷点处应力—应变曲线出现明显的转折，并且岩样破坏前没有平缓变化段，而是迅速发生破坏，这种破坏比单轴、常规三轴路径都要突然。试验的峰值应力差为 120.4MPa。

单轴、常规三轴试验路径的声发射事件计数率最大值都出现在峰后应力突降处，滞后于应力峰值跌落。而恒轴压、卸围压路径岩样破坏突然，在达到峰值后迅速出现应力突降，声发射事件计数率最大值也出现在峰值处。

累计振铃计数率从卸荷点处增长速率就开始降低，在应力突降处迅速增大，与单轴、常规路径在破坏前持续增大的趋势明显不同。

恒轴压、卸围压路径试样的振铃计数率开始很小，为 2 次/s 左右；在轴压增加过程中，计数率逐渐增加，在卸荷点附近为 20 次/s 左右；在卸荷开始后，计数率明显降低为

2 次/s 左右；而在达到极限承载时，岩样突然破坏，计数率为 12682 次/s。与常规三轴路径的区别在岩样破坏前后，常规三轴路径破坏前后都有声发射事件发生，而恒轴压、卸围压路径岩样破坏很突然，没有明显的声发射破坏先兆。卸荷点作为应力路径转换的部位，围压降低，声发射事件计数率也迅速降低。

恒轴压、卸围压路径岩样破坏时的声发射事件的计数率为 12682 次/s，高于常规三轴路径的 674 次/s，但要低于单轴压缩破坏路径的 58532 次/s。岩样破坏前的声发射计数率，恒轴压、卸围压路径在 20 次/s 左右，常规三轴路径在 70 次/s，单轴路径在 80 次/s 左右。声发射事件与试验应力路径密切相关，应力路径不同，破坏全过程的声发射事件计数率也明显不同。当然，也就不能简单地说岩样卸围压破坏要比加轴压破坏更剧烈。

恒轴压、卸围压路径试验的具体结果如表 4.1 所示。卸围压路径的变化，引起试样的峰值应力差变化，振铃峰值与振铃峰值时间均变化，表明应力路径变化会引起试样的声发射特征差异。

表 4.1　　　　　　　　　　　　恒轴压、卸围压路径试验结果

岩样编号	围压/MPa	峰前应力差/%	卸围压速率/(MPa/s)	峰值应力差/MPa	振铃计数率峰值/(次/s)	振铃计数率峰值时间/s
120#	20	80	0.2	120.4	12 682	207.5
52#	40	80	0.2	114.8	14 548	311.8
105#	40	60	0.2	114.9	12 978	286.9
115#	40	60	0.6	123.9	13 072	201
108#	40	60	0.4	124.9	12 942	219.3
51#	40	80	0.4	113.1	14 490	302.2

4.2.3　位移控制加轴压、卸围压路径

图 4.6 为 35# 岩样在围压 30MPa，峰值轴向应力峰前 80% 处位移控制加轴压，以 0.6MPa/s 速率进行卸围压破坏试验的声发射演化规律。

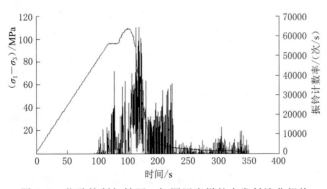

图 4.6　位移控制加轴压、卸围压岩样的声发射演化规律

对应应力—应变曲线的初期压密和线弹性阶段，35# 岩样声发射活动很平静，振铃计数率量值水平很低。在峰值轴向应力的 60% 处，101.8s 时，岩样内部出现新的裂纹，声

发射活动突然活跃，持续 16.1s，为 12455 次/s 左右；试验继续进行，岩样内部裂纹继续发展且相互作用，声发射活动偶尔更加活跃，在岩样承载力峰值附近，127.8s 时事件振铃计数率达到 42070 次/s，但峰值时声发射事件很平静，大约 11.8s；峰值强度过后，持续13.2s，事件振铃计数率维持在 32823 次/s，明显高于岩样峰值强度之前；岩样破坏时，主破裂面形成，声发射事件振铃计数率出现最大值，64532 次/s；破坏后，岩样强度降低，声发射活动明显减弱，但破坏面之间相对滑动摩擦产生声发射事件，维持 38.7s，保持在23748 次/s 左右，直至一段时间后，声发射事件趋于平静。总体来看，岩样声发射活动大致分为平静期—活跃期—平静期—异常活跃期—活跃期—平静期六个阶段。

4.2.4　应力控制加轴压、卸围压路径

图 4.7 为 26$^{\#}$岩样在围压 40MPa，峰值轴向应力峰前 80％处应力控制加轴压，以0.4MPa/s 速率进行卸围压破坏试验过程中的声发射演化规律。

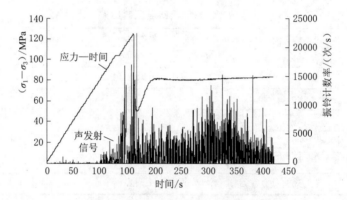

图 4.7　应力控制加轴压、卸围压岩样的声发射演化规律

图 4.7 中，加荷阶段由于岩样自身结构细密均质，声发射活动很少，处于平静期；轴向应力达到岩样承载力的 65％左右时，岩样内部出现微裂纹，声发射活动开始，振铃计数率维持在 2500 次/s 左右；卸围压后，岩样受力状态变化，微裂纹之间开始发展、贯通，声发射事件活跃，计数率高达 16873 次/s；试验继续进行，岩样声发射事件进入临破坏前的平静期，持续大约 11.1s；应力控制加轴压达到岩样峰值承载能力时，岩样瞬间破坏，破坏剧烈，此时出现的声发射事件最活跃，振铃计数率达到 22510 次/s；岩样破坏后，沿贯通破坏面滑动，声发射事件减少，维持在 4800～9200 次/s 之间；之后岩样破裂面继续滑动，相互摩擦引起的个别声发射事件达 15230 次/s。

应力控制加轴压下，岩样声发射活动大致分为平静期—较为活跃期—活跃期—相对平静期—异常活跃期—较为活跃期六个阶段。

4.3　围压的影响

通过分析不同卸荷围压、不同卸荷应力路径下岩样卸荷破坏过程中的声发射特征，来研究卸荷围压对大理岩岩样卸荷破坏过程中的声发射演化规律的影响。

4.3.1　常规三轴加荷路径

图 4.8 为 121# 岩样在围压 10MPa 时，加荷破坏试验过程中的声发射演化规律。

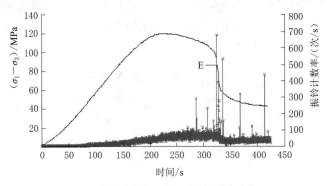

（a）轴向应力差—时间—振铃计数率曲线

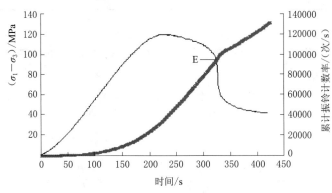

（b）轴向应力差—时间—累计振铃计数率曲线

图 4.8　常规三轴压缩岩样试验曲线

　　121# 试样常规三轴破坏的峰值应力差达到 119.5MPa，高于 112# 岩样单轴破坏。单轴压缩破坏过程中偶尔出现声发射事件，总体保持稳定，而常规三轴破坏过程的声发射事件则逐渐增多，直至岩样破坏。计数率增大趋势持续到 276s，轴向应力的峰后 95% 左右。围压增加了岩样的承载能力，加剧了岩样在破坏过程中的剧烈程度，声发射事件计数率也会增大。

　　临近破坏时，常规三轴和单轴压缩两种路径的区别非常明显，常规三轴路径振铃计数率在 288s 左右就开始活跃，计数率由 70 次/s 左右增为 288 次/s，持续 28s 后在 325.1s 处计数率出现最大值 674 次/s。这个持续的过程可以认为是常规三轴路径下岩样破坏的先兆。围压可以改变岩样的受力状态和承载能力，延长裂隙的发展过程，延迟岩样破坏瞬间的出现，从而为判断岩样破坏提供依据。

　　在声发射事件计数率达最大值后，声发射事件并没有随着试样的破坏而消失，而是在保持一定计数率的条件下时有活跃，并非如单轴压缩路径接近消失。从累计振铃计数率来看，破坏点 E 处虽有增长速率变化的拐点，但并不是单轴压缩路径的那种突变，并且破坏后累计振铃计数率依然线性增长。岩样破坏后，裂隙完全贯通，围压使岩样依然有承载能力，破裂面依然摩擦出现声发射事件。

部分常规三轴路径试验的具体结果如表 4.2 所示。围压增加，试样的峰值应力差逐渐增大。单轴路径的振铃峰值明显高于常规三轴路径的振铃峰值，可能是由于单轴路径的振铃峰值产生于试样破坏，而常规三轴路径的振铃峰值产生于试样破坏面的摩擦。但振铃峰值时间与围压存在明显的对应关系。

表 4.2　　　　　　　　　　常 规 三 轴 试 验 结 果

岩样编号	围压/MPa	峰值轴向应力差/MPa	振铃计数率峰值/(次/s)	振铃计数率峰值时间/s
112#	0	95.2	58532	185
121#	10	119.5	674	325.1
110#	20	139.8	852	411.3
107#	30	159.3	1130	527.9
123#	40	180.3	1451	536.9

单轴压缩与常规三轴压缩破坏岩样在声发射计数率峰前产生的"相对平静期"并不是非常明显，而过了峰值后，岩样已经产生了宏观裂隙，进入"相对平静期"的假稳定状态，在裂隙完全贯通后，岩样破坏。

单轴压缩路径的岩样声发射峰值后的计数率要比峰值前的小，而常规三轴压缩路径的岩样声发射峰值后的计数率虽然总体降低，但偶尔还是会出现声发射事件的计数率高于峰值前的情况。

4.3.2　恒轴压、卸围压路径

图 4.9 为 52# 岩样在围压 40MPa，峰值轴向应力峰前 80% 处保持轴压恒定，同时以 0.2MPa/s 速率进行卸围压破坏试验过程中的声发射变化规律。

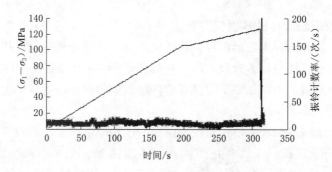

图 4.9　岩样恒轴压、卸围压试验曲线

对比图 4.5（a）与图 4.9，分析 120# 与 52# 试样分别在围压 20MPa 与 40MPa 下的声发射演化规律。

在不同卸荷初始围压时，岩样的应力—时间曲线在形式上是相似的，达到承压峰值后迅速破坏。破坏时，120# 岩样的峰值轴向应力为 131.92MPa，而 52# 岩样的峰值轴向应力为 146.79MPa。从卸荷点到岩样破坏持续的时间来看，120$^{\#}$ 岩样持续 57s 左右，而52$^{\#}$ 岩样持续 105s 左右，表明围压提高了岩样的承载能力，且岩样破坏的累计过程持续时间增长。

通过分析轴压增加过程中岩样的振铃计数率—时间曲线，120$^{\#}$ 岩样的计数率基本上从 1 次/s 开始，用缓慢但逐渐增大的方式增长，在 144s 左右卸荷时，计数率已经增长到18 次/s。岩样内部变化产生的声发射事件随轴压的增加逐渐增多但对应岩样应力—应变阶段界限的声发射事件并不是很明显，没有明显的"平静期"。而 52$^{\#}$ 岩样的计数率基本从10 次/s 开始，在应力峰值的 18.5%、38.9%、74.0% 附近出现三次较大的波动，在 191s左右卸荷时，也基本维持在 12 次/s 左右，计数率波动与"平静期"相互交替。除了岩样性质影响外，围压越高，岩样内部破坏造成的声发射事件越剧烈，破坏过程中岩样的振铃计数率整体相对更高，波动也更加明显。

卸荷开始后，120$^{\#}$ 岩样的计数率迅速降低至 1 次/s 左右，并在一段时间后逐渐增大，直至岩样破坏，振铃计数率突增到 12682 次/s。岩样卸围压，原本可能已经处于塑性阶段的岩样，释放掉部分能量，岩样内部没有进一步剧烈的裂隙产生与发展，声发射事件迅速减少，一段时间后，裂隙继续发展，岩样破坏引发剧烈的声发射事件。而 52$^{\#}$ 岩样卸荷后，计数率迅速降低至 6 次/s 左右，同样经过一段时间的缓慢增长，最后突增到 14548 次/s，岩样破坏。这表明高围压下，即使声发射事件减少，振铃计数率也要高于低围压下的岩样。

4.3.3　位移控制加轴压、卸围压路径

图 4.10 为 24$^{\#}$、34$^{\#}$ 与 36$^{\#}$ 岩样分别在围压 10MPa、20MPa 与 40MPa，在峰值轴向应力峰前 80% 处位移控制加轴压，以 0.6MPa/s 速率进行卸围压破坏试验过程中的声发射演化规律。

图 4.10（a）中 24$^{\#}$ 岩样卸荷后声发射事件开始活跃，维持 21.4s；接近峰值轴向应力 90% 左右，127.8s 时声发射事件达 38635 次/s；随后岩样声发射事件进入平静期，大约 22.1s；直至岩样接近破坏，声发射活动再次活跃，破坏时振铃计数率达到最大值59292 次/s；岩样破坏后，存在明显的应力跌落现象，破坏面相互作用引起岩样的声发射事件处于较高的活跃状态，维持在 15000～40000 次/s 之间。

图 4.10（b）中 34$^{\#}$ 岩样声发射活动规律与图 4.11 中 27$^{\#}$ 岩样相似，在接近岩样峰值轴向应力时，岩样内部产生剧烈的破裂面，145.5s 时计数率达 61660 次/s；峰值附近，存在声发射事件平静期，大约 18s；岩样破坏处，声发射事件异常活跃，振铃计数率数值均较高，为 58377 次/s；岩样破坏后，声发射事件趋于平静，但依然保持在 15000～38000 次/s。

图 4.10（c）中 36$^{\#}$ 岩样卸荷时出现较活跃的声发射事件，振铃计数率为 42094 次/s；岩样振铃计数率最大值出现在岩样峰值强度处，出现前存在一段平静期，计数率最大值为69314 次/s；岩样峰值强度后，承载力下降，声发射事件虽有减少，但依然保持较高的活跃度，基本在 41000～51000 次/s 之间。

结合图 4.10，位移加载条件下，岩样卸荷初始围压在 10MPa、20MPa、30MPa、

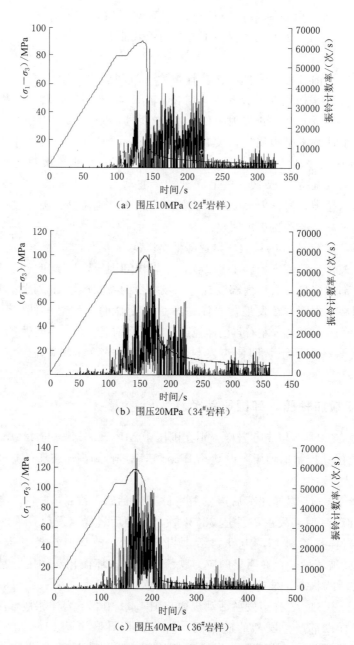

（a）围压10MPa（24#岩样）

（b）围压20MPa（34#岩样）

（c）围压40MPa（36#岩样）

图 4.10　不同围压下岩样的声发射演化规律

40MPa 时，对应最大振铃计数率分别为 59292 次/s、61660 次/s、64532 次/s、69314 次/s；岩样破坏的时间分别为 145.5s、155.5s、165.3s、168.2s；岩样破坏前平静期分别为 22.1s、18s、11.8s、0s。岩样声发射活动规律基本为平静期—活跃期—平静期—异常活跃期—活跃期—平静期。围压增大，声发射规律中的异常活跃期由岩样破坏附近向岩样承载力峰值附近转变，表明围压可以改变岩样的声发射活动规律，围压越高，岩样的声发射活动水平越高，岩样产生裂纹消耗的能量越高。

4.3.4 应力控制加轴压、卸围压路径

图 4.11 为 17#、6#、21# 与 27# 岩样分别在围压 10MPa、20MPa、30MPa 与 40MPa，

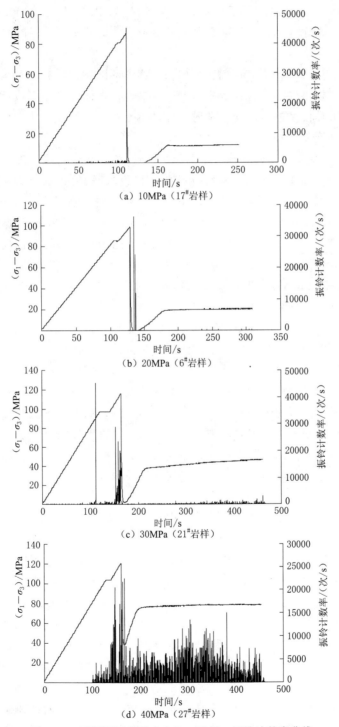

（a）10MPa（17#岩样）

（b）20MPa（6#岩样）

（c）30MPa（21#岩样）

（d）40MPa（27#岩样）

图 4.11 不同围压岩样应力差—时间—振铃计数率曲线

在峰值轴向应力峰前 80％处应力控制加轴压，以 0.6MPa/s 速率进行卸围压破坏试验过程中的声发射演化规律。

图 4.11（a）中，17#岩样初期压密段与线弹性段声发射活动平静，振铃计数率很小；峰值轴向应力 55％附近，声发射事件活跃，保持在 310 次/s 左右；109.8s 时岩样突然破坏，承载力突降，振铃计数率达到最大值 45340 次/s；破坏后岩样声发射活动进入平静期。

图 4.11（b）中，6#岩样破坏前声发射活动逐渐活跃，129.3s 达到峰值承载能力，岩样迅速破坏，声发射事件的振铃计数率达 27393 次/s；岩样破裂面形成后，在应力控制轴向应力作用下，破坏面摩擦引起的声发射事件，出现振铃计数率最大值为 36326 次/s；之后岩样声发射活动恢复平静。

图 4.11（c）中，21#岩样在峰值轴向应力 52％左右开始出现声发射活跃现象，岩样内部裂纹继续发展，在 109.8s 出现极活跃声发射事件，振铃计数率为 45484 次/s；卸围压开始后，声发射事件持续活跃，计数率在 998 次/s 左右；临近峰值承载能力时，岩样声发射事件非常活跃，151.5s 时事件计数率为 28996 次/s；岩样在达到峰值强度时迅速破坏，但破坏前在应力控制条件下，岩样破裂面已经贯通形成，破坏时出现的振铃计数率为 19886 次/s。

图 4.11（d）中，27#岩样在 101.9s 左右声发射事件开始活跃，振铃计数率在 3900 次/s 左右；卸荷后声发射事件异常活跃，出现较大振铃计数率为 20609 次/s；临近破坏时，岩样出现一段平静期；达到承载力峰值时迅速破坏，振铃计数出现最大值 25652 次/s；岩样破坏后，破坏面摩擦滑动引起声发射事件活跃，振铃计数率保持在 3000～11000 次/s。

围压在 10MPa、20MPa、30MPa、40MPa 时，岩样破坏附近的振铃计数率最大值分别为 45340 次/s、36326 次/s、28996 次/s、25652 次/s，其中只有 21#岩样振铃计数率不是破坏过程中的最大值。总体来看，在应力加载模式时，低围压下振铃计数率更高，而围压增加会使振铃计数率减小，但岩样破坏过程中的声发射事件明显活跃。这表明围压可以改变岩样的破坏规律，低围压下岩样破坏消耗能量少，更多能量用于破坏瞬间的消耗，而高围压下岩样破坏过程消耗能量多，破坏瞬间释放的能量少。

4.4 卸荷速率的影响

通过分析不同卸荷速率、不同卸荷应力路径下岩样卸荷破坏过程中的声发射特征，来研究卸荷速率对大理岩岩样卸荷破坏过程中的声发射演化规律的影响。

4.4.1 恒轴压、卸围压路径

图 4.12 为 105#与 115#岩样在围压 40MPa 时，峰值轴向应力峰前 60％处保持轴压恒定，分别以 0.2MPa/s 与 0.6MPa/s 速率进行卸围压破坏试验过程中的声发射演化规律。

不同卸围压速率对恒轴压、卸围压试验的影响体现在以下方面：卸荷点后的应力—时间曲线来看，115#岩样的曲线斜率要高于 105#，岩样破坏时，105#岩样的峰值轴向应力

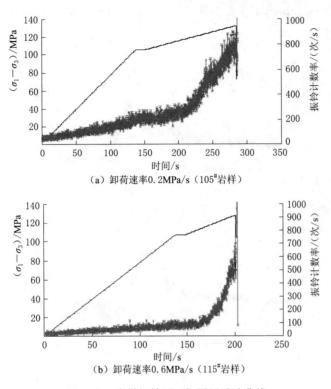

（a）卸荷速率0.2MPa/s（105#岩样）

（b）卸荷速率0.6MPa/s（115#岩样）

图4.12　岩样恒轴压、卸围压试验曲线

为146.39MPa，而115#岩样的峰值轴向应力为136.42MPa。从卸荷点到岩样破坏持续的时间来看，105#岩样在131s左右，而115#岩样在140s左右。这表明卸荷速率越快，围压降低越快，岩样破坏过程需要的累积时间越短，岩样破坏越剧烈，具体数据如图4.12中的115#与105#试样。

105#岩样的振铃计数率从开始的20次/s左右逐渐增大，在140s左右增大至180次/s，卸荷开始后，计数率会有一段60s左右的平静期，随后声发射事件计数率迅速增加，直至岩样破坏达到12978次/s。

115#岩样的振铃计数率也基本从20次/s左右逐渐增大，在卸荷点140s左右增大至80次/s。其他条件相同，但115#岩样的振铃计数率整体要低于105#岩样。这表明卸荷速率越高，岩样的围压降低越快，岩样内部裂隙的发展速率随之降低，声发射事件强度也降低。

115#岩样的卸荷开始后，振铃计数率有一段平静期，大约持续20s，在160s左右迅速增大，破坏时达到13072次/s。卸荷速率高，卸荷开始后岩样内部裂隙发展越快，相对平静期越短，岩样进入振铃破坏增长阶段越快，破坏时处于较高的应力差水平上，破坏更剧烈，声发射事件也就更加显著。

4.4.2　位移控制加轴压、卸围压路径

图4.13为78#、79#与80#岩样在围压40MPa时，在峰值轴向应力峰前80%处的位

移控制加轴压，分别以 0.2MPa/s、0.4MPa/s 与 0.8MPa/s 速率进行卸围压破坏试验过程中的声发射演化规律。

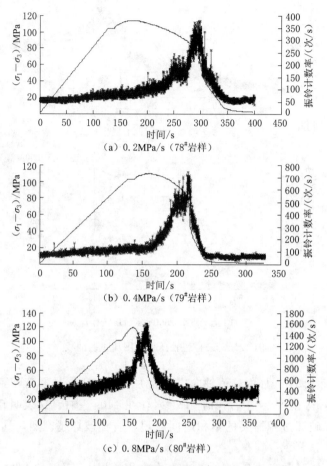

（a）0.2MPa/s（78#岩样）

（b）0.4MPa/s（79#岩样）

（c）0.8MPa/s（80#岩样）

图 4.13　不同卸荷速率下岩样的声发射演化规律

　　图 4.13（a）78# 岩样的初期声发射事件振铃计数率基本在 53 次/s 左右；随着试验进行，接近卸荷时，计数率为 102 次/s；卸荷后振铃计数率持续增加，164.6s 时为 110 次/s；破坏前声发射事件存在一段相对平静期，持续 22.9s，计数率为 151～243 次/s；298.5s 时岩样破坏，振铃计数率达最大值 378 次/s；岩样破坏后声发射事件趋于平静。

　　图 4.13（b）79# 岩样的初期声发射事件振铃计数率一般在 80～100 次/s 左右；21.4s 与 51.5s 时，声发射事件的计数率达 180 次/s，这是由岩样内部个别裂纹引起的个别事件；卸荷前，事件计数率达 159 次/s；卸荷后，个别达到 203 次/s；岩样承载力达到峰值时，声发射事件没有明显增加，维持在 157 次/s；峰值荷载至最终破坏过程中，声发射事件持续活跃增加，但临近破坏时，声发射事件相对平静期持续 15.1s，计数率为 580 次/s 左右；215.7s 时岩样声发射事件最活跃，计数率为 753 次/s；

　　图 4.13（c）80# 岩样的初期声发射事件一般在 460 次/s 左右；29.2s 时，个别声发射事件的计数率达 569 次/s；静水压力增加过程中，声发射事件持续活跃，卸荷前计数率达

731 次/s；卸荷后，声发射事件持续活跃，破坏前平静期持续 7.9s，计数率为 1210 次/s 左右；177.8s 时岩样声发射事件最活跃，计数率达 1610 次/s。

这表明在不同卸荷速率下，岩样声发射活动规律相似。静水压力增加过程中，声发射事件持续活跃，振铃计数率持续增加；卸荷后岩样声发射事件继续活跃，承载力峰值附近的声发射事件活跃程度没有出现明显的增加；临近破坏时，事件出现相对平静期，卸荷速率越高，平静期的振铃计数率越高，持续时间越长；破坏时出现最活跃声发射事件，卸荷速率越高，对应破坏的时间越短，声发射事件的计数率越高。

4.4.3 应力控制加轴压、卸围压路径

图 4.14 为 23#、26#、27# 与 28# 岩样在围压 40MPa 时，在峰值轴向应力峰前 80% 处应力控制加轴压，分别以 0.2MPa/s、0.4MPa/s、0.6MPa/s、0.8MPa/s 速率进行卸围压破坏试验过程中的声发射演化规律研究。

图 4.14（a）23# 岩样在 102.2s 时声发射活动开始活跃，振铃计数率高达 4235 次/s；卸荷后岩样内部形成破坏面，声发射活动呈明显增加趋势，持续 14.2s，振铃计数率达到岩样破坏过程中的最大值 30205 次/s；随后声发射活动有所降低但维持在 22000 次/s 左右，直到岩样突然破坏，计数率达 22502 次/s；破坏后，声发射活动保持较高的活跃度，计数率维持在 4800～15258 次/s。

图 4.14（b）26# 岩样在 101.1s 时声发射活动活跃，计数率达 1678 次/s；卸荷后岩样声发射活动增加明显，在 9.8s 内计数率迅速增加到 16873 次/s；随后岩样声发射活动进入破坏前的平静期，持续大约 11.1s；直到岩样突然破坏，声发射事件的振铃计数率达到最大值 22510 次/s；破坏后，破坏面摩擦引起的声发射事件计数率在 3270～15270 次/s。

图 4.14（c）27# 岩样在 101.9s 时声发射活动明显活跃，计数率为 3900 次/s；卸荷后岩样计数率在 8.9s 内增加到 20609 次/s；岩样破坏前的平静期持续大约 6.3s；破坏时的声发射事件最活跃，计数率达 25652 次/s；破坏后声发射事件计数率在 3981～13536 次/s。

图 4.14（d）28# 岩样在 109.5s 时声发射活动出现活跃，计数率为 4006 次/s；卸荷后岩样计数率在 10s 内增加到 13638 次/s；岩样破坏前的平静期持续大约 3.4s；破坏时声发射事件最活跃，计数率达 22541 次/s；破坏后声发射事件计数率在 3337～13625 次/s。

在卸荷速率不同、其他试验条件相似的情况下，岩样声发射活动规律基本相似。接近卸荷时，岩样内部开始出现裂纹，声发射事件逐渐活跃，这与岩样自身性质有关。卸荷后岩样在应力加载的条件下内部裂纹迅速扩展，声发射事件会有明显的活跃期，一定条件下甚至会成为岩样破坏过程中的最活跃期，不同卸荷速率影响不同。如图 4.14 所示，速率越高，声发射事件活跃期持续时间越短，内部裂纹发展越快。同时除个别岩样（如 27# 岩样）外，卸荷速率越高，声发射事件振铃计数率最大值越低。岩样卸荷至破坏前存在声发射事件的相对平静期，其事件计数率要高于卸荷前，卸荷速率越高，平静期持续时间越短；岩样破坏时，声发射事件活跃度相当，计数率基本都在 25500 次/s 左右，表明卸荷速率不同，会改变岩样的破坏过程，但对岩样破坏的声发射事件极限影响不大。

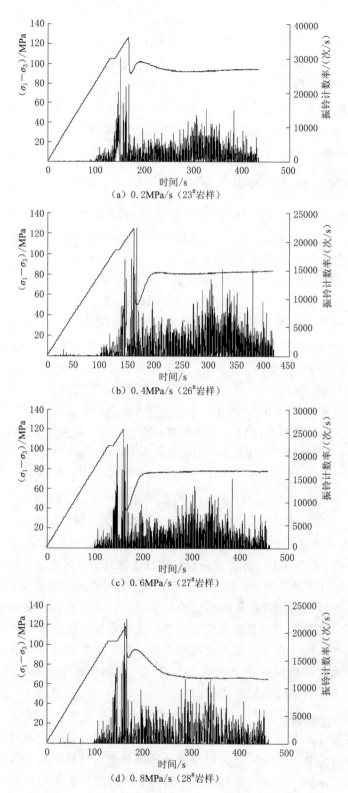

图 4.14　不同卸荷速率岩样应力差—时间—振铃计数率曲线

4.5 卸荷应力水平的影响

通过分析不同卸荷应力水平、不同卸荷应力路径下岩样卸荷破坏过程中的声发射特征，来研究卸荷应力水平对大理岩岩样卸荷破坏过程中的声发射演化规律的影响。

4.5.1 恒轴压、卸围压路径

图 4.15 为 108# 与 51# 岩样在围压 40MPa 时，分别在峰值轴向应力峰前 60% 与 80% 处保持轴压恒定，以 0.4MPa/s 速率进行卸围压破坏试验过程中的声发射演化规律。

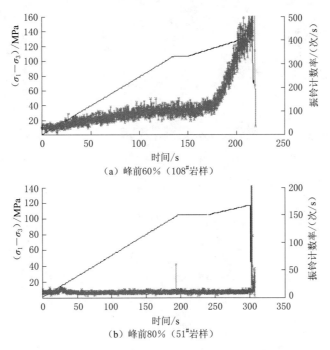

（a）峰前60%（108#岩样）

（b）峰前80%（51#岩样）

图 4.15　岩样恒轴压、卸围压试验曲线

如图 4.15（a）所示，108# 岩样的振铃计数率从 35 次/s 开始，随轴压增加逐渐增大，在 137s 左右卸荷时，达到 100 次/s；随后计数率保持一段相对平静期，约 25s；在 158s 左右，计数率迅速增大，直至岩样破坏，达到 12942 次/s。具体数据如表 4.1 所示。

如图 4.15（b）所示，51# 岩样的振铃计数率在加轴压过程初期从 10 次/s 开始，到 27s 附近声发射事件就有一个明显的波动，计数率达到 20 次/s，随后计数率曲线保持稳定，在卸荷处 195s 左右，出现一个更明显的声发射事件，计数率达到 61 次/s 左右，之后曲线继续保持稳定，直至岩样破坏，在 300s 左右计数率达到 14490 次/s。

不同卸荷水平的计数率曲线区别很大，计数率初期 51# 岩样出现波动，应该是由岩样自身内部的微裂隙决定。108# 岩样的计数率曲线基本持续增大，在卸荷点附近持续一段平静期，而 51# 岩样的计数率曲线基本保持平稳，但在卸荷处出现少量仅次于最大声发射事件的声发射事件。这表明 108# 岩样卸荷基本为弹性段卸荷，岩样内部裂隙发展稳定，卸荷后岩样的声发射事件不会持续增大；而 51# 岩样为塑性区卸荷，岩样裂隙不稳定，卸荷时出现少量较大的声发射事件。

51# 岩样的破坏计数率达 14490 次/s 明显高于 108# 岩样的破坏计数率 12942 次/s；108# 岩样卸荷后持续 66s 左右，51# 岩样卸荷后持续 60s 左右。因此，在塑性阶段卸荷，引起的岩样内部破坏声发射活动更剧烈，会进一步影响岩样破坏的上述数据。

4.5.2　位移控制加轴压、卸围压路径

图 4.16 为 66# 与 79# 岩样在围压 40MPa 时，分别在峰值轴向应力峰前 60% 与 80% 处位移控制加轴压，以 0.4MPa/s 速率进行卸围压破坏试验过程中的声发射演化规律。

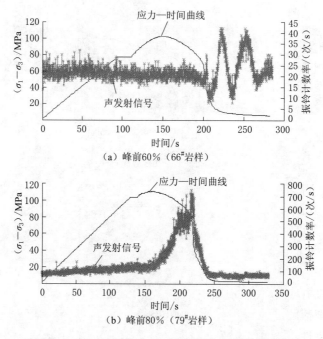

图 4.16　不同卸荷水平下岩样的声发射演化规律

图 4.16（a）中 66# 岩样卸荷前声发射事件活跃，振铃计数率保持在 20～30 次/s；卸荷后，岩样声发射事件没有明显增加，维持在卸荷前水平；153.3s 时岩样承载力接近峰值，岩样破坏前声发射事件甚至出现相对平静，振铃计数率由 28 次/s 降低到 15 次/s；岩样破坏时，声发射事件活跃，振铃计数率达 30 次/s；岩样破坏后声发射事件出现反复，最大值为 42 次/s。图 4.16（b）的分析见图 4.10（b）。

这表明不同卸荷水平岩样的声发射事件相差较大，这可能是由于岩样自身性质的影响。对比声发射参数演化规律，峰值轴向应力 60% 处基本为岩样应力—应变曲线的弹性阶段，此时卸荷，岩样破坏前声发射事件没有明显的起伏，直至破坏时迅速活跃；而 80% 处基本为岩样的塑性阶段，卸荷后岩样声发射事件基本持续活跃增加，直至试样破坏。不同卸荷水平岩样在破坏前均有一段相对声发射事件的平静期，越接近岩样承载力峰值，平静期持续时间越短。

4.5.3 应力控制加轴压、卸围压路径

图 4.17 为 73# 与 22# 岩样在围压 30MPa 时，分别在峰值轴向应力峰前 60％ 与 80％ 处的应力控制加轴压，以 0.8MPa/s 速率进行卸围压破坏试验过程中的声发射演化规律。

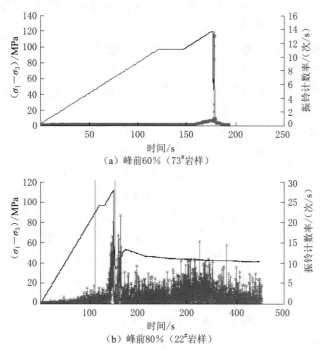

（a）峰前60％（73#岩样）

（b）峰前80％（22#岩样）

图 4.17　不同卸荷水平岩样应力差—时间—振铃计数率曲线

图 4.17（a）73# 岩样在卸荷前加载过程中，声发射事件一般活跃，计数率稳定增加；卸荷对声发射事件没有明显的影响，卸荷时计数率为 87 次/s；158.5s 后岩样声发射事件随承载力增加而逐渐活跃；178.2s 岩样破坏时声发射事件最活跃，计数率为 13449 次/s；岩样破坏后声发射事件趋于平静，计数率降至 158 次/s 左右。

图 4.17（b）22# 岩样在卸荷前加载过程中，声发射事件持续活跃，109.8s 时计数率为 45918 次/s；卸荷前后声发射事件的计数率为 2761 次/s；卸荷后声发射事件持续活跃，151.56s 时岩样破坏，计数率为 30194 次/s。

岩样声发射事件在静水压力增加过程中活跃增加，不同水平卸荷后，岩样的声发射事件均迅速活跃，直至岩样突然破坏。卸荷水平越接近岩样峰值轴向应力，岩样破坏的时间越短，同时声发射事件的振铃计数率越高。

4.6　小　　结

1. 声发射演化规律

处于不同应力状态的岩样，内部损伤不同，由此产生的声发射事件也不同：

（1）压密阶段。岩样内部的原始裂纹开始闭合，而闭合过程或闭合后粗糙面的咬合产

生了声发射事件，但能量相对较低。

（2）弹性阶段。原始裂隙闭合后摩擦滑移产生声发射事件，总体较低，微高于压密阶段，出现的少量裂隙引发偶尔出现的声发射事件。

（3）屈服弱化阶段。初期岩样受力的持续增加，产生新裂隙，声发射事件逐渐活跃；后期新裂纹开始聚合、贯通，形成宏观裂隙，再加上破裂面之间的相互作用加剧，导致声发射事件异常活跃，直至岩样的屈服极限。

不同应力路径试验岩样破坏时，声发射计数、能量都达到整个破坏过程的最大值。常规三轴路径试验的岩样计数率逐渐增大，直至破坏时达最大值，并且破坏之后声发射计数率依然保持在较高的水平，声发射活动规律基本为平静期—活跃期—平静期—活跃期—异常活跃期—活跃期；恒轴压、卸围压路径试验的岩样破坏突然，没有明显声发射破坏先兆，卸荷点后声发射事件计数率持续增加，声发射活动规律基本为平静期—活跃期—异常活跃期—平静期；加轴压、卸围压路径试验的岩样在卸荷点处附近出现仅次于破坏点的声发射事件计数率，且在卸荷点与破坏点之间会有一段相对平静期，岩样破坏后声发射事件计数率有降低但依然保持较高的水平，声发射活动规律基本为平静期—活跃期—平静期—活跃期—平静期—异常活跃期—平静期—活跃期。

2. 声发射特征分维值

岩样处于压密阶段，不同应力路径下岩样的声发射分维值均较低，分维值的区别主要是由岩样自身的性质决定的；随着加载的进行，应力比增加，分维值呈增加趋势，应力比接近 100％时，分维值会出现短暂的降低，表明岩样破坏前存在一段平静期；岩样破坏后，声发射事件逐渐趋于平静，分维值呈下降趋势。

不同路径岩样破坏附近处的分维值按大小排序，加轴压、卸围压路径＞恒轴压、卸围压路径＞常规三轴路径；不同控制方式的加轴压、卸围压路径破坏岩样之间的分维值比较接近，区别不是很明显。

3. 围压的影响

不同应力路径试验的岩样，围压增大，岩样内部裂纹发育逐步完全，由裂纹引起的声发射事件逐渐增多，持续时间增长，加轴压、卸围压路径试验岩样的声发射事件异常活跃期由岩样破坏附近向岩样承载力峰值附近转变，围压越高，岩样的声发射活动水平越高，岩样产生裂纹消耗的能量越高，但破坏瞬间释放的能量并不多。

4. 卸荷速率的影响

对比不同应力路径试验，卸荷速率越高，岩样内部裂纹发展越快，相对平静期的振铃计数率越高，持续时间越短；破坏时出现最活跃声发射事件，振铃计数率最大，卸荷速率越高，对应破坏的时间越短，声发射事件的计数率越高。

5. 卸荷水平的影响

弹性阶段内卸荷，岩样内部裂隙发展稳定，卸荷后岩样的声发射事件不会持续增大；而塑性区卸荷，岩样裂隙不稳定，卸荷时会出现少量较大的声发射事件；越接近岩样承载力峰值卸荷，岩样破坏前的相对声发射事件平静期持续时间越短；卸荷水平越接近岩样峰值轴向应力，岩样破坏的时间越短，同时声发射事件的振铃计数率越高。

第5章 岩石卸荷 PFC 数值试验及分析

岩体是由天然材料如石头、矿物质与砂砾等组成的非均质复合材料,内部含有丰富的孔洞、裂纹等,物理力学性质差异明显。岩体材料内部非均质的细观结构决定了内部由应力集中引起的微观裂纹的发展,并最终影响材料的破坏形式。

目前,研究非均质性对材料力学特性影响的试验设备与试验方法并不成熟,但数值计算理论的发展使得力学分析中考虑非均质性的影响成为可能,以数值理论为基础,建立合适的力学模型,从而达到模拟材料力学响应与破坏形式的目的。

颗粒流是颗粒物质在外力作用或者内部作用力影响下形成的类流体运动状态,是研究材料非均质性的重要方法之一。通过模拟一定范围内颗粒多次碰撞,统计分析碰撞过程中颗粒的运动特征量,得到研究对象的应力、速度分布函数以及能量等参量,从而有助于弄清材料的破坏机理。本文利用颗粒流的方法来模拟大理岩岩样的破坏过程,分析不同路径下大理岩的细观破坏规律,反演大理岩的破坏机理。

5.1 数 值 试 验

不同应力路径下大理岩岩样破坏过程的演化规律不同,数值模拟方法可以更好地探究大理岩的微观破坏机理。

5.1.1 数值原理

颗粒流不仅能分析具有颗粒性质的砂土、粗粒花岗岩等介质,也可以分析非晶质材料。换句话说,颗粒流中的"颗粒"并不直接与研究对象内是否存在颗粒状物质有关,更多的是作为一种描述材料特性的手段。颗粒间的接触方式和力学特征会随模拟过程而发生变化,但不论如何变化均符合基本的牛顿运动定律,即颗粒间的静力平衡被破坏时,颗粒会发生运动。数值模型即颗粒集合体的复杂力学特性,可通过分析颗粒之间的接触状态来体现。当颗粒间的黏结强度达到极限破坏强度时,会出现相对位移、滑动以及转动。因此,颗粒流分析中不需要材料的本构关系,颗粒间的接触状态就能决定材料在复杂应力状态下的应力—应变关系。

颗粒流法对模拟过程作如下假定:

(1) 颗粒流中"颗粒"为刚性体,颗粒本身不会破坏。

(2) 颗粒间发生接触的范围很小,可以理解为点接触。

（3）颗粒与颗粒间的接触方式为柔性接触，颗粒间接触允许存在一定的"重叠"部分。

（4）颗粒间"重叠"部分的大小与颗粒间的接触力有关，与颗粒直径相比，"重叠"部分很小。

（5）颗粒间接触存在特殊的黏结方式，且存在黏结强度。

（6）颗粒的基本形状为球体，采用簇逻辑机理可以生成模拟需要的任意形状的颗粒单元。

PFC 作为颗粒流程序的代表，基于离散单元法的原理来模拟材料内颗粒介质的运动与相互作用。离散单元法是将研究对象分解为数量有限的单元，依据运动过程中颗粒间的相互作用来预测散体群的行为。离散单元法是一种不连续介质力学的分析方法，克服了传统连续介质力学模型的宏观连续性假设，从细观层面上对材料的力学特性进行分析，并通过对材料细观参数的研究来分析其宏观力学行为。

5.1.2　数值接触模型

PFC 中的接触模型需要两个接触实体，在模拟过程中实体通过物理接触产生相互作用，接触分为球—球接触、球—墙接触。接触模型由以下一些部分组成。

1. 接触—刚度模型

模型中接触力与相对位移之间是弹性关系，法向刚度、切向刚度与法向分力、切向分力存在对应关系。破坏过程中，通过模型的法向相对位移可以计算出对应的法向力增量，通过切向相对位移可以计算出对应的切向分力即剪力的增量。

2. 滑动分离模型

模型内接触实体间通过滑动分离模型允许实体出现相对滑动，滑动条件为

$$F_s \leqslant \mu F_n \tag{5.1}$$

式中：F_s 为模型过程中接触实体间的切向分力；μ 为接触实体之间的最小摩擦系数；F_n 为接触实体间的法向压力。

3. 颗粒黏结模型

黏结模型在接触实体之间提供一种黏聚力，就好像接触实体之间存在弹性胶，在这种条件下，模型中颗粒会出现滑动与分离现象，可以更好地模拟破坏过程中颗粒的运动。

以上三部分模型共同作用组成颗粒实体间的接触模型，指定分析模型的微观参数，通过接触模型的变化，从而改变模型的宏观力学状态。

5.1.3　数值试验方案

利用 PFC 软件模拟大理岩岩样在不同应力路径下的破坏过程，模型图如图 5.1（a）所示。

1. 建立模型边界

结合《工程岩体试验方法标准》《水利水电工程岩石试验规程》《水电水利工程岩石试验规程》，室内试验大理岩岩样为直径 50mm、高 100mm 的圆柱体，为达到更好的模拟效果，数值模型采用的尺寸同样为长 100mm、宽 50mm。通过建立"墙"，从而确定模型的边界。

2. 颗粒生成

生成颗粒前，预先设定颗粒的最小半径 R_{min} 与半径比 R_{max}/R_{min}，颗粒会在最大半径与最小半径之间随机生成。这种颗粒生成模式下，模型内的颗粒通常达不到预先的颗粒要求，此时通过半径扩大法来调整模型内的颗粒。

颗粒的总体积为 A_p，模型总体积为 A（假定模型为单位厚度），则模型孔隙率为

$$n = 1 - \frac{A_p}{A} \tag{5.2}$$

进一步转换为

$$nA = A - \sum \pi R^2 \tag{5.3}$$

$$\sum R^2 = \frac{A(1-n)}{\pi} \tag{5.4}$$

式中：R 为生成颗粒的半径。

假定模型内颗粒半径扩大后孔隙率为 n_0，扩大前孔隙率依然为 n，则有

$$\frac{\sum R^2}{\sum R_0^2} = \frac{1-n}{1-n_0} \tag{5.5}$$

通过不断比较调整模型内颗粒半径 R_0，从而达到生成一定孔隙率 n 的颗粒分布的目的。

3. 初始应力状态

颗粒分布达到预定要求后，移动墙体给模型施加荷载，并通过伺服调节法达到试验要求的初始应力状态。具体如下：

一个时间步内墙体的移动引起的墙体作用力最大增量为

$$\Delta F^{(w)} = k_n^{(w)} N_c u^{(w)} \Delta t \tag{5.6}$$

式中：$k_n^{(w)}$ 为与墙体接触颗粒的平均刚度；N_c 为与墙体接触颗粒的总接触数；$u^{(w)}$ 为墙的速度。

墙体平均应力在一个时间步内的变化为

$$\Delta \sigma^{(w)} = \frac{k_n^{(w)} N_c u^{(w)} \Delta t}{A} \tag{5.7}$$

式中：A 为墙的总面积。

通过不断比较平均应力与初始应力状态要求的应力，调节墙的速度 $u^{(w)}$，从而实现岩样的初始应力状态。同时得到岩样模型的应变为

$$\varepsilon = \frac{L - L_0}{\frac{1}{2}(L_0 + L)} \tag{5.8}$$

式中：L 为岩样模型墙移动后的长度或宽度；L_0 为墙移动前的长度或宽度。

4. 加、卸荷试验

依据不同的室内试验应力路径方案，对模型不同部位的墙施加不同的速率，并对模型进行迭代计算，直至数值模型破坏，从而得出不同应力路径下模型的应力—应变曲线、剪切位移场等，进而通过相关数据得出模型的破坏过程、宏观力学参数等。图 5.1（b）所示为围压 20MPa 时，在峰前轴向应力峰值 80% 处加轴压，以 0.6MPa/s 卸围压的岩样数值轴向应力与环向应力变化。

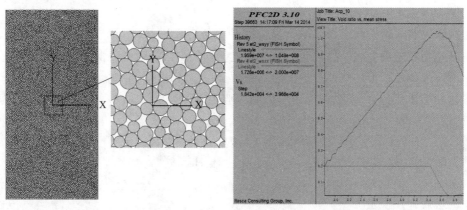

（a）细观结构图　　　　　　　　　　　　（b）数值应力演化图

图 5.1　颗粒流数值模型图

5.2　基于室内试验的宏细观参数分析

PFC 程序与基于连续介质理论的有限元程序不一样，它需要用细观参数来表征模型的力学特性，但并没有给出宏细观参数之间明确的对应关系。因此，数值模拟前最重要的一步是需要对宏细观参数对应关系进行分析调整，从而确定合理的适用于分析对象的细观参数。

表 5.1 给出 PFC 数值模拟的基本细观参数，接触模型参数暂用于参数分析，模拟用接触参数的确定将在以下章节中介绍。

表 5.1　　　　　　　　　　　　　　　　模拟的基本细观参数

模　拟　基　本　参　数			模　型　参　数			接　触　模　型　参　数		
参数名	符号	数值	参数名	符号	数值	参数名	符号	数值
侧墙刚度折减因子	β_x	—	模型宽度/mm	w	50	颗粒—颗粒 接触模量/GPa	E_c	20
竖墙刚度折减因子	β_y	1.0	模型高度/mm	h	100	颗粒刚度比	k_n/k_s	1.0
目标侧限应力/Pa	σ_x^t	0	最小颗粒半径/mm	R_{min}	0.3	平行黏结半径乘子	$\bar{\lambda}$	1.0
目标竖向应力/MPa	σ_y^t	10	颗粒半径比	R_{max}/R_{min}	1.66	平行黏结 弹性模量/GPa	$\bar{E}_c$	20
墙的伺服误差	ε	0.01	墙的法向刚度乘子	β	1.1	平行黏结刚度比	$\bar{k}_n/\bar{k}_s$	1.0
平台速度 终值/(m/s)		0.2	内锁等向应力墙 刚度乘子/Pa	σ_0	−0.5	颗粒间 摩擦系数	μ	0.4
平台加速度 总循环数	v_p	400	内锁等向应力墙刚 度乘子误差容许值	—	0.5	平行黏结法向 强度均值/MPa	$\bar{\sigma}_c$	60
平台加速多段数	s_p	10	最小非悬浮 接触数	N_f	3	平行黏结法向强度 标准差/MPa	$\bar{\sigma}_{cs}$	16
初始裂纹标准	σ_{ci}	0.02	剩余悬浮比	n_f/N	0	平行黏结切向 强度均值/MPa	$\bar{\tau}_c$	65
试验终止标准	a	0.8	颗粒密度/(kg/m³)	ρ	2527	平行黏结切向 强度标准差/MPa	$\bar{\tau}_{cs}$	16

5.2.1 细观参数对弹性模量与泊松比的影响

从宏观角度来看，弹性模量和泊松比是描述研究对象抵抗弹性变形能力的尺度，可以衡量对象产生弹性变形的难易程度；从微观角度看，凡是影响键合强度的因素均会影响到弹性模量和泊松比。在颗粒流程序 PFC 中，影响弹性模量与泊松比的因素很多，对不同因素进行相关性分析，可以确定细观参数对宏观参数的影响程度。

平行黏结接触模型中，E_c、$\overline{E}_c$、k_n/k_s、$\overline{k}_n/\overline{k}_s$、$\overline{\lambda}$ 等因素均会影响材料的弹性模量与泊松比。为确定细观参数的影响程度，分别对单个变量进行调节，具体如表 5.2～表 5.6 所示。

表 5.2 中，当颗粒与颗粒之间的黏结模量 E_c 由 20GPa 变为 60GPa 时，增大 3 倍，数值模型的宏观弹性模量 E 从 24GPa 变化到 38GPa，增大 1.583 倍；泊松比 ν 从 0.26 增加到 0.34，增大 1.308 倍；对峰值应力的影响不明显。

表 5.2 E_c 对宏观参数的影

E_c	弹性模量 E/GPa	泊松比 ν	峰值应力/MPa
20	24	0.26	86.45
22	25	0.26	84.34
24	26	0.26	81.60
26	27	0.27	82.17
28	27	0.27	81.43
30	28	0.27	81.78
35	30	0.27	82.03
40	32	0.29	82.57
45	33	0.31	82.86
50	35	0.32	89.24
55	36	0.33	88.21
60	38	0.34	88.14

表 5.3 中，平行黏结弹性模量 $\overline{E}_c$ 增大 3 倍时，数值模型的宏观弹性模量 E 从 24GPa 增加到 53GPa，增大 2.208 倍；而泊松比 ν 反而从 0.26 降低到 0.21，减小 0.808 倍；对峰值应力的影响不明显。

表 5.3 $\overline{E}_c$ 对宏观参数的影响

$\overline{E}_c$	弹性模量 E/GPa	泊松比 ν	峰值应力/GPa
20	24	0.26	82.12
22	26	0.26	81.60
24	27.5	0.26	80.53
26	29	0.25	79.64
28	30	0.25	80.26
30	32	0.25	79.69
35	35	0.24	80.29
40	39	0.23	79.11

$\overline{E}_c$	弹性模量 E/GPa	泊松比 ν	峰值应力/GPa
45	42	0.22	76.67
50	45	0.22	76.79
55	49	0.22	76.36
60	53	0.21	75.98

表 5.4 中，颗粒刚度比 k_n/k_s 增大 3 倍时，模型的宏观弹性模量 E 保持在 26GPa，没有变化，在增大到 4 倍时，才达到 25.6GPa，变化量很小；同样泊松比 ν 在刚度比增大到 4 倍时才从 0.26 变化到 0.27；而峰值的应力变化仍然不明显。

表 5.4　　　　　　　　k_n/k_s 对宏观参数的影响

k_n/k_s	弹性模量 E/GPa	泊松比 ν	峰值应力/MPa
1	26	0.26	80.17
2	26	0.26	82.39
2.63	26	0.26	81.60
3	26	0.26	82.10
4	25.6	0.27	81.52

表 5.5 中，平行黏结刚度比 $\overline{k}_n/\overline{k}_s$ 增大 4 倍时，模型弹性模量 E 从 35GPa 降低到 23GPa，减小 0.66 倍；泊松比 ν 从 0.14 增加到 0.30，增大 2.14 倍。

表 5.5　　　　　　　　$\overline{k}_n/\overline{k}_s$ 对宏观参数的影响

$\overline{k}_n/\overline{k}_s$	弹性模量 E/GPa	泊松比 ν	峰值应力/MPa
1	35	0.14	78.47
2	28	0.23	80.31
2.63	26	0.26	81.60
3	25	0.27	80.94
4	23	0.30	81.51

表 5.6 中，平行黏结半径乘子 $\overline{\lambda}$ 从 0.5 增大到 1.5 时，模型弹性模量 E 增大 2 倍，乘子增大到 3.0 时，E 增大 3.39 倍；而泊松比 ν 总体趋势减小，但量值不大，基本无影响；峰值应力从 40.08MPa 增加到 249.63MPa，增大 5.23 倍，变化很明显。

表 5.6　　　　　　　　$\overline{\lambda}$ 对宏观参数的影响

$\overline{\lambda}$	弹性模量 E/GPa	泊松比 ν	峰值应力/MPa
0.5	17	0.30	40.08
1.0	26	0.26	81.60
1.5	34	0.20	124.89
2.0	42	0.20	169.01
2.5	50	0.21	210.90
3.0	57.7	0.20	249.63

将表 5.2～表 5.6 中细观参数对宏观参数的影响分析整理成图 5.2。

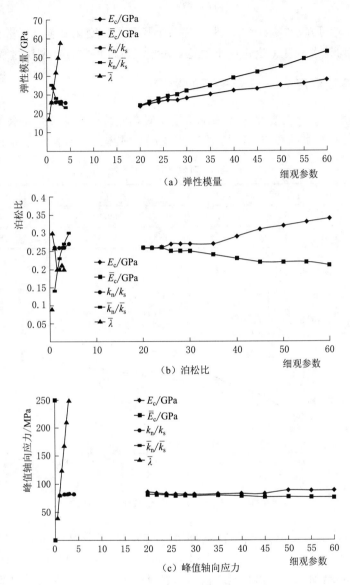

图 5.2　细观参数对宏观参数的影响

由图 5.2（a）可知，平行黏结弹性模量 $\overline{E}_{c}$ 变化时，模型的宏观弹性模量 E 变化很明显，说明是其主要的控制因素；颗粒间黏结模量 E_{c} 与平行黏结半径乘子 $\overline{\lambda}$ 影响偏小，选取参数的时候微调就可以。平行黏结弹性模量 $\overline{E}_{c}$ 与宏观弹性模量 E 之间满足式（5.9），相关系数 R^{2} 为 0.9877。其具体计算公式为

$$E=0.7028\overline{E}_{c}+10.48 \tag{5.9}$$

由图 5.2（b）可知，泊松比 ν 主要受平行黏结刚度比 $\overline{k}_{n}/\overline{k}_{s}$ 的影响，其次受颗粒间黏结模量 E_{c} 的影响。平行黏结刚度比 $\overline{k}_{n}/\overline{k}_{s}$ 与泊松比 ν 之间满足式（5.10），相关系数 R^{2}

为 0.9942。其具体计算公式为

$$\nu=0.116\ln(\overline{k}_n/\overline{k}_s)+0.1438 \tag{5.10}$$

由图 5.2（c）可知，峰值应力随平行黏结半径乘子 $\overline{\lambda}$ 变化显著。但平行黏结半径乘子 $\overline{\lambda}$ 对各参数影响均较大，且 $\overline{\lambda}$ 变化过于敏感，不能大幅度调整，在调试过程中一般设为 1。

5.2.2　细观参数对应力—应变关系的影响

模拟分析过程中，平行黏结半径乘子 $\overline{\lambda}$ 取 1 时，应力—应变关系还会受到平行黏结法向强度均值 $\overline{\sigma}_c$ 与平行黏结切向强度均值 $\overline{\tau}_c$ 的影响，具体变化如表 5.7 所示。

表 5.7　　　　　　　　　　　　　　$\overline{\sigma}_c$ 与 $\overline{\tau}_c$ 对峰值应力的影响

$\overline{\sigma}_c$ 与 $\overline{\tau}_c$	50	55	60	65	70	75	80	85
峰值应力（$\overline{\sigma}_c$）	69.05	76.73	81.34	88.14	90.94	92.88	96.86	100.37
峰值应力（$\overline{\tau}_c$）	71.49	75.58	78.12	81.34	83.32	84.82	87.27	90.04

将表 5.7 中具体结果整理成图 5.3。

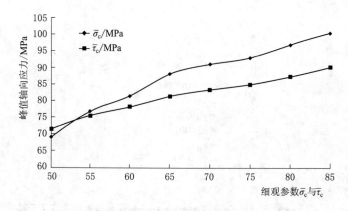

图 5.3　细观参数 $\overline{\sigma}_c$ 与 $\overline{\tau}_c$ 对峰值轴向应力的影响

结合表 5.7 与图 5.3，平行黏结法向强度均值 $\overline{\sigma}_c$ 和平行黏结切向强度均值 $\overline{\tau}_c$ 增大，对应峰值应力也不断增大。当 $\overline{\sigma}_c$ 与 $\overline{\tau}_c$ 分别从 50MPa 增大到 85MPa 时，即增大 1.7 倍时，对应峰值应力分别增加 1.45 倍和 1.26 倍，两者对应力—应变的变化影响都很明显。

平行黏结法向强度均值 $\overline{\sigma}_c$ 与峰值应力间的关系满足式（5.11），相关系数 R^2 为 0.9914。其具体计算公式为

$$\sigma_{max}=-0.0139\overline{\sigma}_c^2+2.7321\overline{\sigma}_c-32.052 \tag{5.11}$$

平行黏结切向强度均值 $\overline{\tau}_c$ 与峰值应力间的关系满足式（5.12），相关系数 R^2 为 0.9949。其具体计算公式为

$$\sigma_{max}=33.274\ln\overline{\tau}_c-58.166 \tag{5.12}$$

5.2.3　细观参数对破坏形式的影响

室内试验过程中，试样的微裂隙、自身强度与应力环境都会影响到试样的破坏形式。

但在数值模拟过程中，试样则变得相对理想化，在单轴压缩条件下研究试样的破坏形式，只需要考虑细观参数平行黏结法向强度均值与其标准差的比值 $\bar{\sigma}_c/\bar{\sigma}_{cs}$、平行黏结切向强度均值与其标准差的比值 $\bar{\tau}_c/\bar{\tau}_{cs}$、平行黏结法向强度均值与切向强度均值的比值 $\bar{\sigma}_c/\bar{\tau}_c$、平行黏结法向强度标准差与切向强度标准差的比值 $\bar{\sigma}_{cs}/\bar{\tau}_{cs}$ 对破坏形式的影响。

下文 PFC 破坏图中，如果不作特别说明，白色区域为压剪破坏，黑色区域为拉剪破坏。限于篇幅，下文只给出部分比值对应的岩样破坏图。

图 5.4 中保持 $\bar{\sigma}_c/\bar{\sigma}_{cs}$ 与 $\bar{\tau}_c/\bar{\tau}_{cs}$ 不变，保持 $\bar{\sigma}_{cs}/\bar{\tau}_{cs}$ 为 16/17.33，当 $\bar{\sigma}_c/\bar{\tau}_c$ 减小时，模拟岩样破坏面会变得杂乱无章，无贯通剪切破坏面，与单轴压缩破坏的试验图片明显不同，如图 5.5（a）所示。

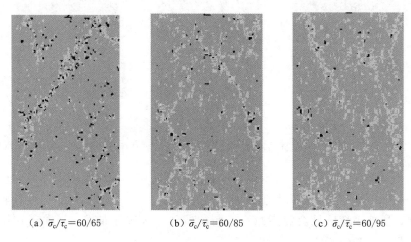

（a）$\bar{\sigma}_c/\bar{\tau}_c=60/65$　　　　（b）$\bar{\sigma}_c/\bar{\tau}_c=60/85$　　　　（c）$\bar{\sigma}_c/\bar{\tau}_c=60/95$

图 5.4　$\bar{\sigma}_c/\bar{\tau}_c$ 减小对破坏形式的影响

图 5.5 为保持 $\bar{\sigma}_c/\bar{\sigma}_{cs}$ 与 $\bar{\tau}_c/\bar{\tau}_{cs}$ 不变，但 $\bar{\sigma}_c/\bar{\tau}_c$ 与 $\bar{\sigma}_{cs}/\bar{\tau}_{cs}$ 同时逐渐减小时对应的模拟破坏图。由图可知，保持均值与标准差的比值不变，岩样的主要破坏形式为压剪破坏；而平行黏结强度均值与标准差的比值减小时，岩样的拉剪破坏区域会逐渐减小。

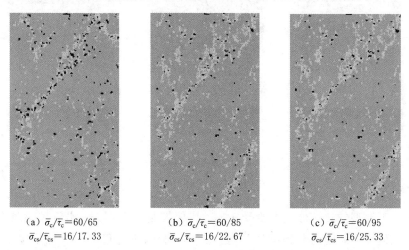

（a）$\bar{\sigma}_c/\bar{\tau}_c=60/65$　　　　（b）$\bar{\sigma}_c/\bar{\tau}_c=60/85$　　　　（c）$\bar{\sigma}_c/\bar{\tau}_c=60/95$
$\bar{\sigma}_{cs}/\bar{\tau}_{cs}=16/17.33$　　　　$\bar{\sigma}_{cs}/\bar{\tau}_{cs}=16/22.67$　　　　$\bar{\sigma}_{cs}/\bar{\tau}_{cs}=16/25.33$

图 5.5　比值同步减小对破坏形式的影响

图 5.6 为保持 $\bar{\sigma}_c/\bar{\sigma}_{cs}$ 与 $\bar{\tau}_c/\bar{\tau}_{cs}$ 不变，但 $\bar{\sigma}_c/\bar{\tau}_c$ 与 $\bar{\sigma}_{cs}/\bar{\tau}_{cs}$ 同时逐渐减小时对应的模拟破坏图。与图 5.5 的区别在于平行黏结法向强度标准差 σ_{cs} 与切向强度标准差 τ_{cs} 均较高。图 5.6 中拉剪破坏区域分布分散，比值减小后，拉剪破坏会减少；压剪破坏区域随比值减小逐渐成为主要破坏形式，破坏方向与图 5.5 的方向相反。

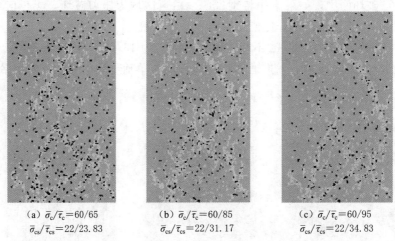

(a) $\bar{\sigma}_c/\bar{\tau}_c=60/65$ 　　　(b) $\bar{\sigma}_c/\bar{\tau}_c=60/85$ 　　　(c) $\bar{\sigma}_c/\bar{\tau}_c=60/95$
$\bar{\sigma}_{cs}/\bar{\tau}_{cs}=22/23.83$ 　　　$\bar{\sigma}_{cs}/\bar{\tau}_{cs}=22/31.17$ 　　　$\bar{\sigma}_{cs}/\bar{\tau}_{cs}=22/34.83$

图 5.6　比值同步减小（$\bar{\sigma}_{cs}$ 与 $\bar{\tau}_{cs}$ 较高）对破坏形式的影响

图 5.7 为保持 $\bar{\sigma}_c/\bar{\sigma}_{cs}$ 与 $\bar{\tau}_c/\bar{\tau}_{cs}$ 不变，但 $\bar{\sigma}_c/\bar{\tau}_c$ 与 $\bar{\sigma}_{cs}/\bar{\tau}_{cs}$ 同时逐渐增加时对应的模拟破坏图。图 5.7 中破坏形式基本为共轭破坏，随着比值增加，岩样破坏趋势由共轭破坏向单剪破坏发展；压剪破坏区域会逐渐减小；而拉剪破坏区域分布增加，尤其在压剪破坏区域，密度明显高于其他部位。

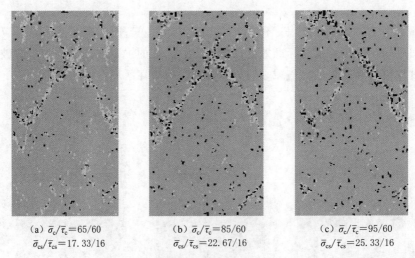

(a) $\bar{\sigma}_c/\bar{\tau}_c=65/60$ 　　　(b) $\bar{\sigma}_c/\bar{\tau}_c=85/60$ 　　　(c) $\bar{\sigma}_c/\bar{\tau}_c=95/60$
$\bar{\sigma}_{cs}/\bar{\tau}_{cs}=17.33/16$ 　　　$\bar{\sigma}_{cs}/\bar{\tau}_{cs}=22.67/16$ 　　　$\bar{\sigma}_{cs}/\bar{\tau}_{cs}=25.33/16$

图 5.7　比值同步增大对破坏形式的影响

总体来说，模型的破坏形式主要受 $\bar{\sigma}_c/\bar{\tau}_c$ 比值控制，当 $\bar{\sigma}_c/\bar{\tau}_c$ 比值较小时岩样呈剪切破坏趋势，比值较大时则为共轭破坏趋势。$\bar{\sigma}_{cs}/\bar{\tau}_{cs}$ 影响不是很大，但也是次要控制因素，应适当调整。

5.2.4 摩擦因数对岩样宏观力学特征的影响

在细观参数调整分析过程中，发现接触黏结模型中摩擦因数 μ 对所有宏观力学特性影响均很明显，所以单独对其分析。摩擦因数 μ 变化对宏观力学具体参数的影响如表 5.8 所示。

表 5.8 摩擦因数对宏观力学参数的影响

μ	0.1	0.2	0.3	0.4	0.5
弹性模量/GPa	23.41	24.42	25.41	26.11	26.78
泊松比	0.29	0.28	0.269	0.264	0.256
峰值应力/MPa	68.68	73.02	77.25	81.60	84.38

表 5.8 中，摩擦因数 μ 增加 0.4，弹性模量增加 3.37GPa，泊松比减小 0.034，峰值应力增加 15.7MPa，表明摩擦因数增加，弹性模量和峰值应力逐渐增加，同时泊松比逐渐减小。

图 5.8 为摩擦因数 μ 增加对试样破坏形式的影响。μ 较小时岩样破坏面散乱，以压剪破坏为主，存在多条破坏面；μ 增加，岩样破坏面反而减少，并逐渐集中于某条主要破坏面，最终过渡到主剪切面上的压剪破坏。也就是说摩擦系数变化会改变压破坏形成的剪切面，但对拉剪破坏的影响不是很大。

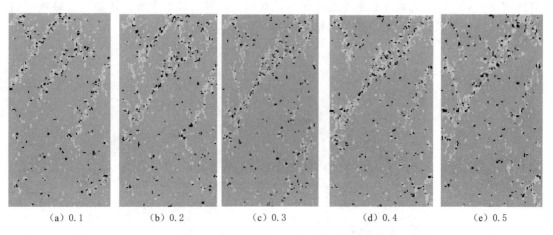

(a) 0.1   (b) 0.2   (c) 0.3   (d) 0.4   (e) 0.5

图 5.8 摩擦因数 μ 对破坏形式的影响

5.2.5 数值模拟用细观参数的确定

本文室内试验的研究对象为大理岩岩样，2.2.2 节中的表 2.7 给出了试验岩样的常规力学参数。数值模拟细观参数分析以 1[#]、2[#] 单轴压缩破坏岩样以及 11[#] ~ 14[#] 常规三轴压缩破坏岩样为基础，选用的宏观力学参数分别为轴向应力差 79.88MPa、弹性模量 18.9GPa、泊松比 0.07、黏聚力 28.74MPa 与内摩擦角 21.84°。在宏细观参数分析过程中，通过不断调整模型的细观参数，对比模型的宏观力学参数与单轴压缩路径条件下岩样

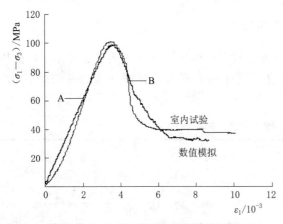

图 5.9　室内试验与数值模拟应力—应变曲线对比

的破坏形式，确定对特定宏观参数影响较大的细观参数，从而确定合理的模型细观参数。由于篇幅限制，下文仅给出部分方案的对比结果。岩样破坏过程中的应力—应变曲线如图 5.9 所示。

图 5.9 为 11# 岩样在围压 10MPa 时进行室内试验与数值模拟的应力—应变曲线对比图。室内试验与数值模拟的应力—应变曲线很接近，但还是存在一定的区别。室内试验曲线演化规律如 2.2.1 节中分析。数值模拟试验，0A 段应力—应变曲线基本呈直线，而室内试验曲线呈曲线增长，这主要是由于实际岩样总存在一些微裂隙影响岩样的强度变化，所以数值模拟生成的曲线相对比较理想；B 点以后，室内试验的岩样破坏更趋向于突发破坏，强度迅速降低，而数值试验相对稳定。但总体可以认为两者很接近。

图 5.10 为围压 10MPa 时 11# 岩样进行室内试验与数值模拟的破坏形式。室内试验呈剪切破坏形式，沿一条 61°左右的主破坏面破坏，在主破坏面附近存在多条裂隙，没有发生明显的错动位移；而数值试验同样存在一条 62°左右的贯通性的主破坏面，破坏面主要由压破坏形成，但拉剪破坏也基本存在于压破坏面上，并有多条次要破坏面与主破坏面相连接。从破坏形式来看，数值模拟的结果基本可靠。

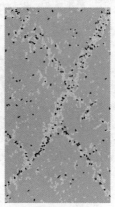

（a）室内试验　　　　　　　　　　　（b）数值模拟

图 5.10　岩样破坏形式

表 5.9 为常规三轴压缩路径与加轴压、卸围压路径下室内试验与数值模拟的具体结果。从表 5.9 中可以看出，弹性模量误差为 0.8%；常规三轴试验的黏聚力误差为 1.7%，内摩擦角误差为 0.8%，不同围压下的峰值轴向应力最大误差也仅仅为 0.9%；卸围压试验的黏聚力误差为 6%，内摩擦角的误差为 2%，不同初始围压下的峰值轴向应力误差最大为 8%。总体来看，室内试验与数值模拟误差均比较小，表明数值试验的结果是比较可靠的。

表 5.9		室内试验与数值模拟具体结果对比		
宏观力学参数		室　内　试　验		数　值　试　验	
		常规三轴	加轴压、卸围压	常规三轴	加轴压、卸围压
弹性模量/GPa		27.17		27.39	
泊松比		0.20		0.22	
黏聚力/MPa		28.74	27.44	28.25	25.71
内摩擦角/(°)		21.84	17.42	22.02	17.08
峰值轴向应力/MPa	围压 10MPa	110	94.09	109	89.6
	围压 20MPa	133	110.43	132	106
	围压 30MPa	149	130.74	150	120
	围压 40MPa	169	149.14	169	146

通过本节对不同细观参数影响的研究，从而确定岩样细观破坏机理分析所用的接触参数修正值，如表 5.10 所示。

表 5.10		数值分析用接触细观参数	
参　　数			数值
接触模型参数	颗粒—颗粒接触模量/GPa		23
	颗粒刚度比		2.63
	平行黏结弹性模量/GPa		25
	平行黏结刚度比		2.73
	平行黏结法向强度均值/MPa		60
	平行黏结法向强度标准差/MPa		16
	平行黏结切向强度均值/MPa		70
	平行黏结切向强度标准差/MPa		16

5.3　卸荷破坏的细观能量分析

卸荷离散元数值能量分析从微观角度充分考虑下试样内部的能量变化，微观能量主要包括：

（1）边界能是由与模型边界接触的球能量累积而成的，即边界作用力与位移的乘积。

（2）黏结能是储存在模型中所有颗粒间平行黏结模型储存的应变能，是克服颗粒间黏结力做的功。

（3）颗粒间滑动消耗的能量为摩擦能，是摩擦力与位移的乘积。

（4）动能是系统颗粒运动消耗的能量。

（5）不论颗粒间的接触状态如何，颗粒与颗粒间累计储存的能量为应变能。

值得注意的是：①微观能量与宏观应变能的计算原理并不相同；②由于模拟条件的限制，采用 2D 数值模型模拟室内三轴破坏试验。在此前提下，微观能量与宏观应变能必然会存在数值上的差别，且彼此间不易找到对应关系，因此需要对比数值模型不同应力路径试验的微观能量，来分析应力路径对微观能量的影响。同时，也因为条件限制，离散元数值暂时只能模拟位移控制方式的加轴压、卸围压路径试验。

5.3.1　不同路径下细观能量演化规律

不同应力路径数值模型的细观能量演化规律如图 5.11 所示。

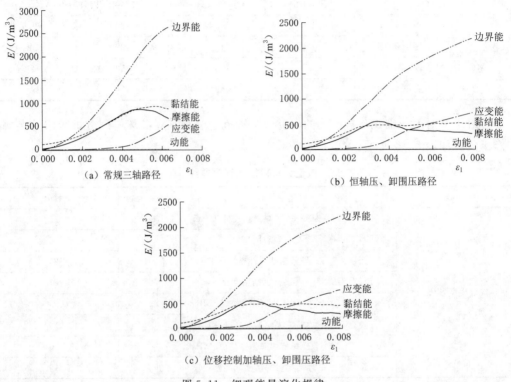

图 5.11　细观能量演化规律

图 5.11（a）为岩样在围压 20MPa 时以常规三轴路径压缩破坏的细观能量演化规律；图 5.11（b）为 20MPa 围压时，保持轴向压力恒定，在峰值轴向应力峰前 80％处，以 0.2mm/s 卸围压直至岩样破坏的细观能量演化规律；图 5.11（c）为 20MPa 围压时，以 0.003mm/s 施加轴向应力，在峰值轴向应力峰前 80％处，以 0.2mm/s 卸围压直至岩样破坏的细观能量演化规律。

对比图 5.11 中不同应力路径模拟的细观能量可以看出，细观能量的演化规律基本相似。

离散元数值通过调节墙的位置模拟不同应力路径的试验过程，因此，不同应力路径模拟的边界能量值上明显要高于其他细观能量。

黏结能在轴向应变一定时（常规三轴路径为 0.0048，恒轴压、卸围压路径为 0.0037，位移控制加轴压、卸围压路径为 0.0035）出现峰值，对应应力—应变曲线的峰值；黏结能增长速率基本与应力—应变曲线对应。这表明破坏过程中黏结能伴随着微裂隙的产生、扩展，尤其在轴向应力峰值附近，除边界能外，黏结能的量值最高，是消耗细观能量的主体。

轴向应变大于某一定值时（常规三轴路径为 0.0033，恒轴压、卸围压路径为 0.003，位移控制加轴压、卸围压路径为 0.0029），摩擦能大于黏结能，表明加轴压过程中用于颗粒间储存的能量逐渐增加，且黏结能所占比例逐渐增加；而轴向应变大于某一定值时（常规三轴路径为 0.0046，恒轴压、卸围压路径为 0.0042，位移控制加轴压、卸围压路径为 0.004），黏结能基本不变，摩擦能下降，表明试样内部裂纹贯通形成破坏面，由破坏面引起的试样变形破坏成为试样失稳的主要破坏形式，微裂隙不再继续发展。

轴向应变大于某值后（常规三轴路径为 0.0063，恒轴压、卸围压路径为 0.0052，位移控制加轴压、卸围压路径为 0.005），应变能超过摩擦能；轴向应变大于某值（常规三轴路径为 0.0071，恒轴压、卸围压路径为 0.0063，位移控制加轴压、卸围压路径为 0.0058）后，应变能超过黏结能，表明试样发生明显的变形破坏，颗粒间的摩擦滑动消耗大量能量，摩擦成为消耗能量的主体。

与其他细观能量相比，动能曲线并不明显，紧贴坐标轴，表明试验过程中颗粒运动并不剧烈。

不同应力路径试验的细观能量消耗规律相似，但量值上有明显的区别。常规三轴路径试验细观能量特殊点对应的轴向应变普遍高于卸围压路径，而加轴压、卸围压路径试验对应的轴向应变要微小于恒轴压、卸围压路径，数值模拟的细观能量结果同样表明位移控制加轴压、卸围压路径对试样内部造成的损伤最明显。

5.3.2 卸荷围压的影响

从 5.3.1 节中可知，细观能量演化规律相似，由于篇幅限制，仅定量分析围压对细观能量演化规律的影响，取不同围压下位移控制加轴压、卸围压模拟试验的应力—应变曲线峰值处的细观能量，如表 5.11 所示。

表 5.11　　　　加轴压、卸围压试验轴向应力峰值处细观能量

围压/MPa	10	20	30	40
边界能/(J/m³)	795.60	1022.00	1263.00	1484.00
黏结能/(J/m³)	417.95	540.17	660.13	797.08
摩擦能/(J/m³)	46.74	76.30	123.21	173.06
动能/(J/m³)	0.14	0.17	0.36	0.23
应变能/(J/m³)	325.66	473.35	650.55	859.43

表 5.11 中，围压由 10MPa 增加到 40MPa 时，边界能增加 689J/m³，占围压 10MPa 时边界能的比例为 86.6%；黏结能增加 379J/m³，比例为 90.7%；摩擦能增加 126.26J/m³，比例为 270.1%；应变能增加 533.77J/m³，比例为 163.9%。

除边界能外，应变能变化量最大，其次是黏结能，表明卸荷破坏模拟过程中，围压增加，颗粒与颗粒间储存的能量增加，成为消耗能量的主体，岩样内部克服颗粒黏结破坏消

耗的能量也会增加。摩擦能的变化比例最大，间摩擦滑动消耗更多的能量，故摩擦能增加，

对围压变化反应最敏感，围压增加引起颗粒且围压会改变岩样的破坏形式。动能的变化规律性不强，但围压高（如 30MPa、40MPa）时动能明显高于围压低时（如 10MPa、20MPa），围压增加，试样内部颗粒动能非线性增加，表明围压没有显著改变试样破坏的剧烈程度，但有可能受卸荷速率等其他条件限制。

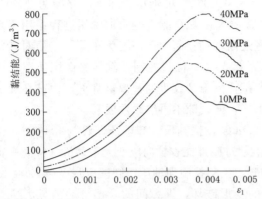

图 5.12　不同围压下的黏结能演化规律

图 5.12 给出位移控制加轴压、卸围压模拟试验中围压对黏结能演化规律的影响。

5.3.3　卸荷速率的影响

定量分析卸荷速率对细观能量演化规律的影响，取不同卸荷速率下位移控制加轴压、卸围压模拟试验的应力—应变曲线峰值处的细观能量，如表 5.12 所示。

表 5.12　　加轴压、卸围压试验轴向应力峰值处细观能量

卸荷速率/(mm/s)	0.2	0.4	0.6	0.8
边界能/(J/m³)	795.60	775.04	668.18	661.20
黏结能/(J/m³)	417.95	400.12	362.52	359.63
摩擦能/(J/m³)	46.74	57.88	36.77	38.21
动能/(J/m³)	0.14	0.34	0.22	0.37
应变能/(J/m³)	325.66	290.73	280.98	273.26

表 5.12 中，卸荷速率由 0.2mm/s 增长至 0.8mm/s 时，边界能减少 134.4J/m³，占速率 0.2mm/s 时边界能的比例为 16.9%；黏结能减少 58.32J/m³，比例为 14.0%；摩擦能减少 8.53J/m³，比例为 18.2%；动能增加 0.23J/m³，比例为 164.2%；应变能减少 52.4J/m³，比例为 16.1%。除边界能外，黏结能变化量最大，应变能变化量与其接近，表明破坏过程中试样内部颗粒克服黏结破坏消耗的能量占主体，卸荷速率越高，内部裂纹发展越不充分，消耗能量越少。动能的变化比例最大，对速率变化反应最大，卸荷速率增加，试样破坏越剧烈，动能越大。相比之下，摩擦能量值变化量上小于黏结能，比例上仅次于动能，且高卸荷速率的摩擦能要小于低卸荷速率，表明高卸荷速率下，试样更趋近于突发性破坏，破坏面摩擦运动引起的摩擦能要偏小。

图 5.13 给出位移控制加轴压、卸围压

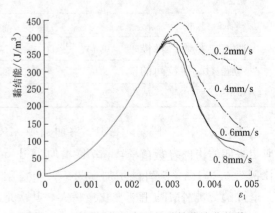

图 5.13　不同卸荷速率下的黏结能演化规律

模拟试验中卸荷速率对黏结能演化规律的影响。

5.3.4 卸荷应力水平的影响

定量分析卸荷水平对细观能量演化规律的影响，取不同卸荷水平下位移控制加轴压、卸围压模拟试验的应力—应变曲线峰值处的细观能量，如表 5.13 所示，表中卸荷水平位置是相比峰值轴向应力峰前而言。

表 5.13 加轴压、卸围压试验轴向应力峰值处细观能量

卸荷水平/%	边界能/(J/m³)	黏结能/(J/m³)	摩擦能/(J/m³)	动能/(J/m³)	应变能/(J/m³)
80	795.6	418.0	46.7	0.1	325.7
60	876.5	472.6	80.2	0.3	376.2

表 5.13 中，卸荷水平由峰前 60% 增长至峰前 80% 时，边界能减少 80.9J/m³，占峰前 60% 水平时边界能的比例为 9.2%；黏结能减少 54.7J/m³，比例为 11.6%；摩擦能减少 33.5J/m³，比例为 41.7%；动能减少 0.2J/m³，比例为 51.9%；应变能减少 50.5J/m³，比例为 13.4%。卸荷水平由 60% 增长至 80%，基本可以理解为卸荷位置由弹性阶段变化为塑性阶段，细观能量的量值基本都出现减小，表明塑性阶段岩样内部已经出现损伤，而卸荷直接加剧其损伤，破坏更早更剧烈。

图 5.14 给出位移控制加轴压、卸围压模拟试验中卸荷水平对黏结能演化规律的影响。

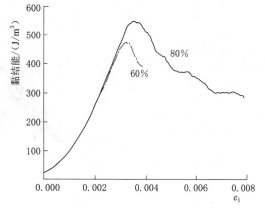

图 5.14 不同卸荷水平下的黏结能演化规律

5.4 卸荷破坏前兆细观分析

岩样模型的强度特性主要受其内部细观裂纹产生、扩展的影响，模型不同位置处颗粒间黏结强度不同产生不同的抵抗力，在外部荷载的作用下，颗粒组成的微单元体出现破裂，从而表现为岩样模型的宏观损伤。岩样声发射与内部微裂纹的发展直接相关，在 PFC 模拟过程中，颗粒间的链接断裂会导致应变能释放，即发生声发射事件，通过记录模拟过程中的声发射变化，从而得到岩样数值模拟的声发射序列特征曲线。

5.4.1 不同路径卸荷声发射规律

不同应力路径数值模型的破坏前兆曲线如图 5.15 所示。

图 5.15（a）为岩样在围压 20MPa 时以常规三轴路径压缩破坏的前兆演化规律；图 5.15（b）为 20MPa 围压时，保持轴向压力恒定，在峰值轴向应力峰前 80% 处，以 0.2mm/s 卸围压直至岩样破坏的前兆规律；图 5.15（c）为 20MPa 围压时，以 0.003mm/s

施加轴向应力，在峰值轴向应力峰前 80％处，以 0.2mm/s 卸围压直至岩样破坏的前兆规律。

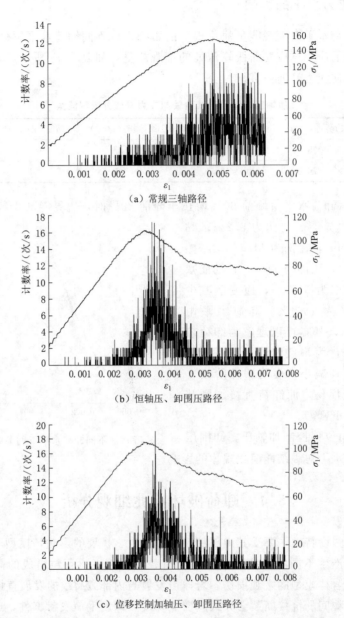

（a）常规三轴路径

（b）恒轴压、卸围压路径

（c）位移控制加轴压、卸围压路径

图 5.15　不同应力路径破坏过程的应力—应变曲线与声发射破坏前兆曲线

图 5.15 中不同应力路径模拟的变形特性基本相同，分为初始压密、线弹性、塑性和破坏等阶段，见 2.2.1 节分析。从声发射破坏前兆来看，岩样加载初期，声发射事件很少发生甚至没有，计数率自然更少；弹性阶段，声发射事件逐步增多，但计数率依旧保持在较低的水平；塑性阶段，声发射事件急剧增加，计数率在轴向应力峰值附近达到最大，并在一段时间内保持较高的水平。

应力路径对声发射事件的影响主要体现在：计数率在峰值前增加的持续时间，常规三轴路径最长，加轴压、卸围压路径最短；计数率峰值，常规三轴路径试验为 12 次/s，恒轴压、卸围压路径试验为 17 次/s，加轴压、卸围压路径试验为 19 次/s；常规三轴路径试验峰值后的声发射事件保持较高的活跃水平；加轴压、卸围压路径试验峰值的后声发射事件迅速趋于平静，但岩样破坏比较剧烈，突发性更强。

5.4.2 卸荷围压的影响

图 5.16 为岩样在 20MPa 与 40MPa 围压时，以 0.003mm/s 施加轴向应力，在峰值轴向应力峰前 80% 处，以 0.2mm/s 卸围压直至岩样破坏的前兆规律。

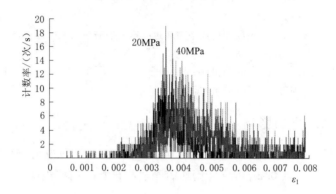

图 5.16 不同围压破坏过程的声发射破坏前兆曲线

由图 5.16 可知，围压 20MPa 轴向应变 0.0036 时，声发射事件计数率出现最大值 19 次/s，而围压 40MPa 轴向应变 0.0038 时，计数率最大值为 18 次/s，围压增加，计数率最大值对应的轴向应变增加，同时最大值减小；围压 40MPa 岩样的计数率峰前增长段整体低于围压 20MPa 岩样；围压 20MPa 岩样的计数率峰后段迅速趋于平静，而围压 40MPa 岩样的计数率峰后降低段整体高于围压 20MPa 岩样，且保持较高的计数率水平。

这表明岩样在低围压下损伤快，在峰值轴向应力时损伤引起的声发射事件较活跃，而高围压则影响岩样峰值轴向应力后的损伤以及破裂面之间的相互摩擦。

5.4.3 卸荷速率的影响

图 5.17 为岩样在 20MPa 围压时，以 0.003mm/s 施加轴向应力，在峰值轴向应力峰前 80% 处，以 0.2mm/s 与 0.6mm/s 卸围压直至岩样破坏的前兆规律。

由图 5.17 可知，卸荷速率 0.2mm/s 轴向应变 0.0036 时，声发射事件计数率出现最大值 19 次/s，而卸荷速率 0.6mm/s 轴向应变 0.0031 时，计数率最大值为 26 次/s，卸荷速率增加，计数率最大值对应的轴向应变减小，但最大值增加；计数率峰前增长段在不同卸荷速率条件下趋势类似，速率 0.6mm/s 岩样的计数率增长起始点对应的轴向应变要小于速率 0.2mm/s 的岩样；速率 0.6mm/s 计数率峰后降低段呈突降趋势，而速率 0.2mm/s 岩样下降趋势存在平缓段。

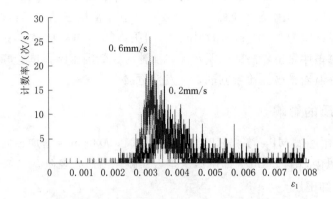

图 5.17　不同卸荷速率破坏过程声发射破坏前兆曲线

这表明卸荷速率高时，岩样破坏前损伤发展快，对应的声发射事件计数率增长也快，而破坏后损伤引起声发射事件突降更加明显。

5.4.4　卸荷应力水平的影响

图 5.18 为岩样在 20MPa 围压时，以 0.003mm/s 施加轴向应力，分别在峰值轴向应力峰前 60％与 80％处，以 0.2mm/s 卸围压直至岩样破坏的前兆规律。

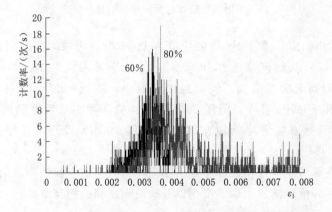

图 5.18　不同卸荷水平破坏过程声发射破坏前兆曲线

由图 5.18 可知，在峰前 60％处卸荷，轴向应变 0.0033 时，声发射事件计数率出现最大值 16 次/s，而峰前 80％处卸荷，轴向应变 0.0036 时，计数率最大值为 19 次/s，卸荷水平由弹性段（60％）变化为塑性段（80％），计数率最大值对应的轴向应变增大，同时最大值增加；卸荷应力水平较低时，计数率峰前段增长起始点对应的轴向应变小，水平较高时，峰前段增长趋势较高；卸荷水平较低时，计数率峰后降低段呈突降，而水平较高时则相对平缓。

这表明在塑性阶段卸荷会使岩样破坏趋于突然破坏，而在弹性阶段卸荷，岩样会更早出现损伤，峰前增长段保持较高的声发射水平，进一步说明岩样内部损伤是累积性的。

5.5　卸荷破坏过程细观分析

室内物理试验由于条件限制，无法实时显示加载破坏过程中微裂纹的产生、扩展与贯通的详细情况以及分布情况，而 PFC 作为显式时步颗粒流程序则可以有效地解决此问题。

5.5.1　不同路径卸荷破坏过程

图 5.19 为围压 20MPa 时岩样在常规三轴压缩破坏过程中的裂纹产生、扩展规律；图 5.20 为岩样在 20MPa 围压时，以 0.003mm/s 施加轴向应力，在峰值轴向应力峰前 80% 处，以 0.2mm/s 卸围压直至岩样破坏的裂纹产生、扩展规律。

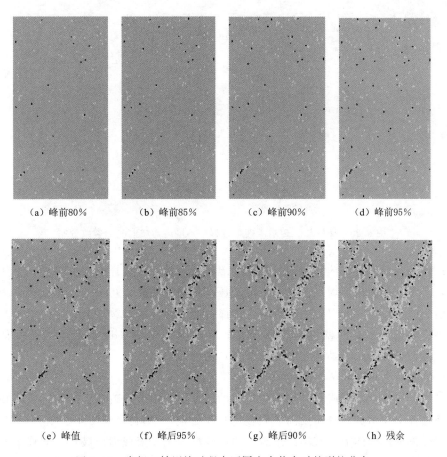

（a）峰前80%　　　（b）峰前85%　　　（c）峰前90%　　　（d）峰前95%

（e）峰值　　　（f）峰后95%　　　（g）峰后90%　　　（h）残余

图 5.19　常规三轴压缩过程中不同应力状态时的裂纹分布

下文若不特别说明，峰前代表峰值轴向应力峰前，而峰后表示峰值轴向应力峰后；百分比数值是与轴向应力峰值相比；图中白色为压剪破坏，黑色为拉剪破坏。

岩样在峰前轴向应力 80% 峰值处刚刚进入塑性区，如图 5.19（a）所示，内部出现拉剪破坏、压破坏，两者间没有明显的关系，分布很离散，但试样四周的分布密度要高于试

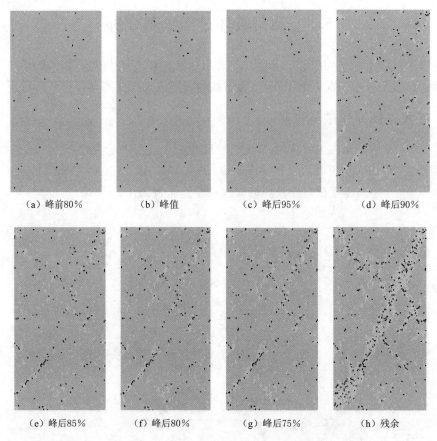

（a）峰前80％	（b）峰值	（c）峰后95％	（d）峰后90％
（e）峰后85％	（f）峰后80％	（g）峰后75％	（h）残余

图 5.20　加轴压、卸围压破坏过程中不同应力状态时的裂纹分布

样中间；轴向应力达到峰前 85％时，如图 5.19（b）所示，岩样内部拉剪破坏、压破坏都在增大，上端部拉剪破坏增加明显，下端部压破坏增加明显，初步出现压破坏形成的破坏面；峰前 90％时，如图 5.19（c）所示，内部拉剪、压破坏持续增大，下端的破坏面由岩样内部靠近外壁与岩样外壁接触；峰前 95％处，如图 5.19（d）所示，岩样端部拉剪破坏、压破坏明显增多，上端有压破坏形成破坏面的趋势。

岩样轴向应力达到峰值时，如图 5.19（e）所示，短时间内形成多条破坏面，但破坏面没有贯通，岩样上端形成与外部边界连通的破坏面，在个别破坏面的前端出现拉剪破坏积聚，破坏面上拉剪破坏分布要高于其他部位；轴向应力峰后 95％处，如图 5.19（f）所示，与岩样外壁连通的上下破坏面接近贯通，破坏面主要表现为压破坏，岩样上部出现次要破坏面与上破坏面贯通；轴向应力峰后 90％处，如图 5.19（g）所示，上下破坏面贯通，强度开始降低，岩样破坏，岩样上端、下端均出现多条次要破坏面，贯通的破坏面主要由压破坏形成，且拉剪破坏也主要集中在破坏面上，其余部位分布很少；残余阶段，如图 5.19（h）所示，岩样内部的贯通剪切面附近压破坏增多，拉剪破坏变化并不是很明显。

总体来看，加荷破坏试验初期，压破坏比较离散，但岩样两端的压破坏高于试样中部，且轴向应力增加，两端的压破坏逐渐增多，而最终出现的剪切面两端压破坏密度会逐渐高于试样两端其他位置，剪切面由两端向中间发展并逐渐贯通，压破坏贯通剪切面是造成岩样破坏的主要因素。

整个过程中，岩样内部压力引起的损伤破坏要多于拉剪力引起的损伤破坏，且压破坏会有逐渐贯通的趋势，但拉剪破坏的分布要比压破坏离散得多。在贯通性剪切面形成、试样破坏前，主剪切面上拉剪破坏会有集中的趋势，而集中的趋势是破坏面逐渐发展的方向。拉剪破坏伴随压破坏，拉剪破坏与贯通性的压破坏剪切面共同作用造成试样破坏强度降低，在试样破坏后，剪切面继续扩展，但剪切面上的拉剪破坏迅速减少，在完全破坏至残余阶段后，次要剪切面逐渐贯通，剪切面上的拉剪破坏又逐渐集中，并有可能引起试样的二次破坏。

对比图 5.19 与图 5.20 中的裂纹分布，裂纹的发展规律基本类似。在常规三轴路径试验过程中，内部裂纹发展快且多，如 5.19（e）所示，峰值时岩样内部初步形成裂纹带，而卸荷路径试验在达到轴向应力峰值后才初步形成裂纹带，如图 5.20（d）所示；轴向应力增加过程中，常规三轴加荷路径岩样裂纹增长比较均匀，应力峰值前便有明显的裂纹带，而卸围压路径岩样基本在峰值后才会出现明显的裂纹带；在残余阶段，不同路径计算相同的时间步，卸围压路径岩样的分布密度明显高于常规三轴加荷路径岩样，表明常规三轴压缩路径试验过程中虽然有裂纹出现但没有引起岩样破坏，而卸围压路径试验过程中虽然裂纹较少，但岩样破坏剧烈。

5.5.2　卸荷围压的影响

图 5.21 为岩样在 20MPa 与 40MPa 围压时，以 0.003mm/s 施加轴向应力，在峰值轴向应力峰前 80％处，以 0.2mm/s 卸围压直至岩样破坏的裂纹产生、扩展规律。

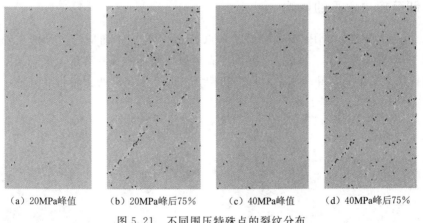

（a）20MPa峰值　　（b）20MPa峰后75％　　（c）40MPa峰值　　（d）40MPa峰后75％

图 5.21　不同围压特殊点的裂纹分布

对比特殊点峰值处，如图 5.21（a）与图 5.21（c）所示，高围压岩样黑色的拉剪裂纹稍多于低围压，表明高围压下卸围压在峰值处的围压会高于低围压，从而引起岩样内部剪裂纹较多，但并不明显；从峰后 75％处来看，低围压下卸围压的岩样更早处于单轴压缩应力状态，内部裂纹较多，上下端部形成的破裂面具有贯通的趋势，而高围压下卸围压岩样形成的破裂带比较离散。

5.5.3 卸荷速率的影响

图 5.22 为岩样在 20MPa 围压时，以 0.003mm/s 施加轴向应力，在峰值轴向应力峰前 80％处，分别以 0.2mm/s 与 0.6mm/s 卸围压直至岩样破坏的裂纹产生、扩展规律。

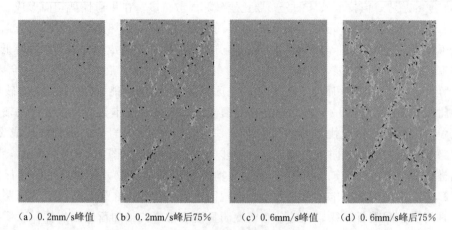

(a) 0.2mm/s峰值 　 (b) 0.2mm/s峰后75% 　 (c) 0.6mm/s峰值 　 (d) 0.6mm/s峰后75%

图 5.22　不同卸荷速率特殊点的裂纹分布

对比特殊点峰值处，卸荷速率对岩样初期裂纹的产生、扩展没有明显的影响；在峰后 75％处，岩样已经破坏，裂纹出现明显的区别，低卸荷速率下岩样破裂带形成，并有逐步贯通形成破坏面的趋势，且拉剪裂纹有较高的分布密度，而高卸荷速率下岩样主破坏面贯通形成，拉剪裂纹基本只存在于破坏面上，其余部位较少。

5.5.4 卸荷应力水平的影响

图 5.23 为岩样在 20MPa 围压时，以 0.003mm/s 施加轴向应力，分别在峰值轴向应力峰前 60％与 80％处，以 0.2mm/s 卸围压直至岩样破坏的裂纹产生、扩展规律。

对比特殊点峰值处，卸荷水平对岩样初期裂纹的产生、扩展影响非常明显，峰前 60％

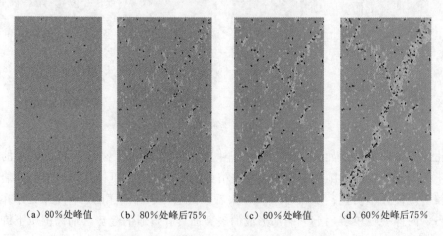

(a) 80%处峰值 　 (b) 80%处峰后75% 　 (c) 60%处峰值 　 (d) 60%处峰后75%

图 5.23　不同卸荷水平特殊点的裂纹分布

处卸荷岩样内部裂纹基本形成贯通破坏面，而峰前80％处卸荷裂纹分布离散，在轴向应力峰后75％之后才初步形成贯通破裂面。总体来看，弹性阶段卸荷，岩样内部裂纹发育完全，而塑性阶段卸荷，岩样应力水平迅速降低，内部裂纹不发育，因而岩样破坏剧烈。

5.6 小　　结

PFC数值试验从细观能量、声发射特征以及细观裂纹扩展过程等角度分析了大理岩不同路径卸荷试验。第3章宏观能量是基于应变能原理，而本章的细观能量则是从微观颗粒间相互作用出发，原理不同，能量量值之间有着明显的区别，但细观能量能更直观地描述卸荷条件变化对能量演化规律的影响。室内声发射试验容易受到外界条件的影响，而数值试验则没有此顾虑，对室内试验是个很好的补充，可以进一步验证试验结果。室内试验由于技术条件限制，无法清楚地实时呈现微裂纹的扩展过程，而数值试验恰恰可以弥补这一缺点。总体来说，通过PFC卸荷数值试验可得到如下结果：

（1）细观参数对材料变形强度的影响。平行黏结弹性模量是宏观弹性模量的主要控制因素，两者之间呈线性关系；泊松比则主要受平行黏结刚度比的影响，呈对数关系；平行黏结法向强度均值与材料的峰值轴向应力呈多项式关系，平行黏结切向强度均值与材料的峰值轴向应力呈对数关系，平行黏结切向强度均值与平行黏结法向强度均值共同作用会改变材料的应力—应变曲线；平行黏结法向（切向）强度均值与其标准差的比值，以及平行黏结法向强度均值与切向强度均值的比值能控制材料的破坏形式；比值较小时试样发生剪切破坏，比值较大时发生共轭破坏；摩擦系数主要影响试样内部压破坏的分布，对拉剪破坏的分布影响不大。

（2）在宏—细观参数相关性分析基础上，确定适用于大理岩细观分析的细观参数，经过室内大理岩常规三轴加荷试验以及加轴压、卸围压试验验证，表明宏细观相关性分析及大理岩加、卸荷模拟还是比较可靠的。

（3）围压越高，颗粒间储存的能量增多，逐渐成为消耗能量的主体；内部裂纹扩展克服颗粒间黏结力的黏结能随围压增加逐渐增大；试样破坏后，围压主要影响颗粒间摩擦滑动引起的摩擦能，进而改变试样的破坏形式。

（4）卸荷速率越高，试样内部裂纹发展越不充分，黏结能越少；裂纹进一步扩展导致试样破坏，颗粒间的摩擦作用逐渐发挥主导作用，卸荷速率越高，由此产生的摩擦能水平越高；同时试样破坏时颗粒运动引起的动能越大，并在破坏后维持在某一水平上下波动。

（5）通过岩样细观裂纹数的变化进一步补充室内声发射试验。

（6）加、卸荷破坏过程都是由压破坏形成贯通剪切面，与拉剪破坏共同作用引起试样破坏。压破坏剪切面都是由破坏面两端向中间发展，逐渐贯通，试样内部主要破坏形式都表征为压力引起的损伤破坏。拉剪破坏伴随压破坏，试样加荷破坏前，主剪切面上拉剪破坏会有集中的趋势，而在破坏后，剪切面上的拉剪破坏会出现减少的趋势，卸荷破坏试验的拉剪破坏比较少，变化趋势不明显。加、卸荷试验承载峰值时，损伤破坏面初步形成，但没有贯通。与加荷试验相比，卸荷试验的试样内部损伤破坏（拉剪破坏、压破坏）分布要小于加荷试验，但卸荷试验试样破坏更剧烈。

第**6**章　岩质地下工程开挖相似模型试验

地下工程的开挖是一个径向应力减小、轴向应力增大的复杂加卸荷过程，但是常见预制开挖隧洞的模型试验是先开挖后加载的超载模型试验，其破坏过程中的径向和切向应力路径均与真实的隧洞受荷应力状态不同，对于深入认识隧洞开挖时内部应力和应变的扰动仍有一定的局限性。模型试验可定性或定量地反映地下工程围岩受力特性，对认识隧洞围岩的应力变形特征，分析破坏机理提供依据。

本章进行了隧洞超载破坏试验和开挖卸荷破坏试验研究，对比分析隧洞超载和卸载时的应力、应变、破坏面演化过程及破坏机理。

6.1　相　似　试　验　设　计

重庆某地铁区间隧洞跨度 12m，高度 18m，围岩为Ⅳ级砂岩和泥岩，岩体的力学参数根据《公路隧道设计规范》（JTGD 70—2004）选取，见表 6.1。为模拟该隧洞，确定的相似比如下：几何相似比 $C_1=150$，容重相似比 $C_\rho=1$，泊松比相似比 $C_\nu=1$，应变相似比 $C_\varepsilon=1$，内摩擦角相似比 $C_\varphi=1$，弹性模量相似比 $C_E=150$。

表 6.1　　　　　　　　　　　重庆某地铁Ⅳ级围岩的物理力学参数

Ⅳ级围岩	弹性模量 E/GPa	泊松比 ν	容重 ρ/(kN/m³)	黏聚力 c/MPa	内摩擦角 φ/(°)
原型	1.3～6	0.3～0.35	27～29	0.2～0.7	27～39
模型	0.04	0.20	18	0.3～0.5	25～30

6.1.1　强度测试

试验选用两种相似材料，一种为石膏加水拌和作为模型材料，石膏和水的拌和质量比为 2∶0.5；另一种选用石英砂为骨料，以石膏、滑石粉和水泥作为胶结材料，加一定量水拌和而成的胶结拌合料，其配比为 $m_{砂}∶m_{石膏}∶m_{滑石粉}∶m_{水泥}∶m_{水}=1∶0.6∶0.2∶0.2∶0.35$。

1. 拉压强度测试

为了确定石膏和复合材料的压拉比，采用 TYEH-2000 型微机控制恒加载压力试验机进行材料的单轴抗压和劈裂试验，如图 6.1 所示。

（a）微机控制恒加载压力试验机　　　（b）单轴抗压试验　　　　　　（c）劈裂试验

图 6.1　复合材料压拉比试验破坏图

单轴抗压、劈裂抗拉强度计算公式为

$$\sigma_{cu} = \frac{P}{A}, \quad \sigma = \frac{2P}{\pi A} \tag{6.1}$$

式中：σ_{cu} 为单轴抗压强度，MPa；σ 为抗拉强度，MPa；P 为峰值荷载，N；A 为抗压（劈裂）面积，mm^2。

试验结果记录于表 6.2、表 6.3。单轴抗压试验荷载加载到峰值后，材料突然破坏，并伴有脆响。石膏和复合材料的单轴抗压强度分别为 2.804MPa 和 4.628MPa，劈裂抗拉强度分别为 0.213MPa 和 0.355MPa，拉压比均大于 10，表现出明显的脆性特征，满足 Li 等 2001 年提出的模型试验材料硬脆性准则

表 6.2　　　　　　　　　　　　单轴抗压强度试验结果

材料	编号	峰值荷载/kN	破裂角度 θ/(°)	试样尺寸 $\phi \times H$/(mm×mm)	单轴抗压强度 σ_{cu}/MPa	抗压强度均值 σ_t/MPa
石膏	1	2.82	61	39.2×80	2.337	2.804
	2	3.63	69	39.2×80	3.008	
	3	3.58	63	39.2×80	2.966	
	4	3.54	—	39.2×80	2.933	
	5	3.35	—	39.2×80	2.776	
复合材料	1	5.83	72	39.2×80	4.831	4.628
	2	5.69	68	39.2×80	4.715	
	3	6.26	66	39.2×80	5.187	
	4	4.83	67	39.2×80	4.002	
	5	5.50	69	39.2×80	4.557	
	6	5.40	67.5	39.2×80	4.474	

表 6.3　　　　　　　　　　　　劈 裂 强 度 试 验 结 果

材料	编号	峰值荷载/kN	试样尺寸 $a \times b \times H$/(mm×mm×mm)	劈裂抗拉强度 σ_{cu}/MPa	抗拉强度均值 σ_t/MPa
石膏	1	3.49	100×100×100	0.222	0.213
	2	3.20	100×100×100	0.204	
	3	3.35	100×100×100	0.213	

续表

材料	编号	峰值荷载 /kN	试样尺寸 $a \times b \times H$ /(mm×mm×mm)	劈裂抗拉强度 σ_{cu} /MPa	抗拉强度均值 σ_t /MPa
复合材料	1	7.07	100×100×100	0.450	
	2	5.54	100×100×100	0.353	0.355
	3	4.11	100×100×100	0.262	

$$K \geqslant 10 \quad W_B \geqslant 1.5 \quad 8.9\% \leqslant X \leqslant 24.3\% \tag{6.2}$$

其中
$$K = \sigma_{cu}/\sigma_t$$

$$W_B = W_p/W_t$$

式中：K 为材料压拉比；W_B 为模型材料的影响因素；W_p 和 W_t 分别为单轴压缩应力—应变曲线加载区和卸载区面积；X 为材料水拌和比例。

2. 剪切强度测试

试验材料的剪切力学参数通过直剪试验获得，直剪测试部分试样破坏如图 6.2 所示，试验拟合曲线如图 6.3 所示，材料强度试验结果记录如表 6.4 所示，两种相似试验材料基本满足试验要求。

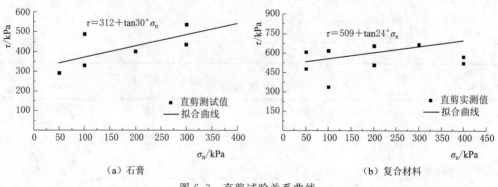

图 6.2　复合材料直剪试验破坏面

（a）石膏　　　　　　　　　　　　　　（b）复合材料

图 6.3　直剪试验关系曲线

表 6.4 试验材料的物理力学参数

材料	弹性模量 E/MPa	泊松比 ν	容重 ρ/(kN/m³)	黏聚力 c/MPa	内摩擦角 φ/(°)	压拉强度比
石膏	40.95	0.20	17.8	0.312	30.0	13.16
复合材料	42.22	0.20	18.0	0.509	25.1	13.04

6.1.2 试验条件

（1）试验加载仪器。不同隧洞破坏试验均在 WE-600B 型液压式万能试验机上完成，如图 6.4 所示，最大轴向载荷 600kN，试验机可以满足复杂模型的加载需求。

（2）物理模型试验装置。本试验模拟重庆其地铁区间隧洞的加卸荷破坏试验，为此设计制作了一套隧洞模型验仪器。模型尺寸为 56cm×52cm×15cm（长×宽×高），如图 6.5 所示，主要包括前后两块 56cm×52cm 的钢板，进行平面应变约束，并在观测方向一侧的钢板开一个 24cm×30cm 的观察窗，在此钢板内侧与模型试件之间放置厚 2cm 的钢化玻璃，以实现隧洞平面应变模拟，并利于对隧洞的破坏过程进行

图 6.4 试验用万能试验机

跟踪观察；左右两侧采用 15cm×52cm 的钢板进行侧向约束；底面钢板平台尺寸为 56cm×25cm；整个模型通过 8 根螺栓固定以提供约束荷载；上表面放置一个 40cm×15cm 的加载厚板，加载板厚度 3cm。模型制备采用分层夯实，制模过程中为防止钢化玻璃板被刮花或击碎，采用相同尺寸的木板替代，待试验时再将木板换回钢化玻璃，模型实物如图 6.6 所示。

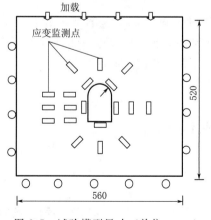

图 6.5 试验模型尺寸（单位：mm）

图 6.6 试验模型实物

制作物理模型前，先将钢板用螺栓固定成型，如图 6.6 所示，然后将石英砂、石膏、滑石粉、水泥和水按配比快速拌匀，分层（每层厚约 8cm）填入模型中并振捣密实，经过

5 天的固结硬化，待材料达到试验强度，在模型表面粘贴应变片，以记录试验模型受荷过程中的应变演化过程。

（3）物理模型试验的边界条件。采用平面应变约束，对模型的左右前后钢板进行位移约束，在模型的上表面由液压式万能试验机均匀施加竖向荷载 σ_z，则侧向荷载 $\sigma_x = \sigma_y = \nu/(1-\nu)\sigma_z$。

6.1.3 试验方案

通过进行隧洞超载破坏试验和开挖卸荷破坏试验，对比分析隧洞超载破坏和开挖卸荷破坏试验的应力应变演化过程，以研究破坏面演化过程及破坏机理。试验方案设计见表 6.5。

表 6.5   试 验 方 案 设 计

编号	方　案	隧洞跨度/cm	直墙高/cm	拱高/cm	初始围岩压力 σ_z/MPa	加载方式
1	超载破坏试验	8	8	4	0.00	加载
2	开挖卸荷	8	8	4	$60\%\sigma_{zmax}$	开挖卸荷
3	破坏试验	8	8	4	σ_{zmax}	开挖卸荷

（1）超载破坏试验。模型试验加载前，预先开挖一个跨度 8cm、直墙高 8cm、拱高 4cm 的城门洞，再进行超载破坏实验。试验过程中，及时记录应变、沉降和裂缝扩展情况等，以确定模型峰值荷载 σ_{zmax}。应当指出，隧洞围岩的破坏是一个长期演变的过程。在荷载作用下，围岩侧壁初次塌落破坏时定义为初次破坏，此时隧洞已经破坏，洞型发生改变，形成新轮廓的隧洞模型，但仍可以继续承载。继续加载，破坏范围进一步增大，产生二次破坏，如此反复，最终发生整体坍塌破坏。模型加载中，洞周形成贯通的破坏面或整体掉落则停止加载，初次破坏对应的荷载即认为是峰值荷载，而不考虑后继破坏承载能力。

（2）开挖卸荷破坏试验。根据超载试验得到的模型峰值荷载 σ_{zmax}，首先制作均质的物理模型，施加（60%、100%）σ_{zmax} 的初始围岩压力并保持不变，从模型一侧进行隧洞开挖掘进，同时观测开挖扰动引起的围岩变形破坏特征。若隧洞开挖完成后仍保持稳定，则继续加载直至破坏。

6.2 石 膏 隧 洞 破 坏 试 验

6.2.1 超载破坏试验

石膏隧洞模型超载破坏的试验裂隙发展过程如图 6.7 所示，图 6.7（a）为预制的隧洞模型。隧洞模型达到设计强度后，在顶部逐渐施加竖向荷载 σ_z。荷载较小时，隧洞模型无明显裂隙产生；当荷载 σ_z 增加到 0.917MPa 时，隧洞模型的拱底产生一条长约 6.0cm 的裂缝，在墙脚和拱肩出现小细粒掉落，如图 6.7（b）所示；当荷载 σ_z 增加到 1.000MPa

时，如图 6.7（c）所示，在隧洞两侧墙脚处有块体掉落，形成斜向上的裂缝，并连通至拱肩，形成半圆状滑移面，可见模型初次破坏的峰值荷载 σ_z 约为 1.000MPa，左侧和右侧的开裂深度分别为 2.5cm 和 3.4cm；随着荷载的进一步增加，滑体向临空面移动，裂缝宽度增大，如图 6.7（d）所示；当荷载 σ_z 为 1.417MPa 时，左侧裂缝深度为 2.8cm，右侧裂缝深度为 3.2cm，裂缝宽度达到 4mm，但隧洞两侧没有产生新的裂缝，破坏深度并无明显变化，如图 6.7（f）所示。

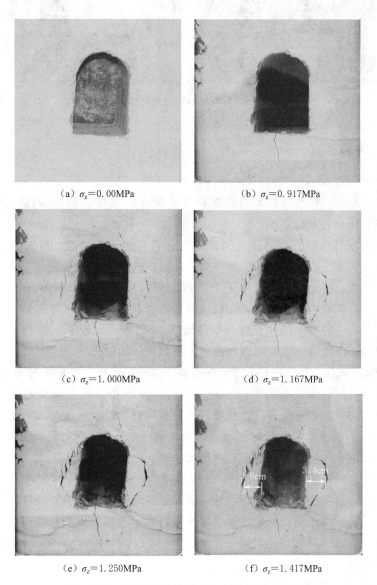

（a）$\sigma_z=0.00$MPa　　　　　　（b）$\sigma_z=0.917$MPa

（c）$\sigma_z=1.000$MPa　　　　　　（d）$\sigma_z=1.167$MPa

（e）$\sigma_z=1.250$MPa　　　　　　（f）$\sigma_z=1.417$MPa

图 6.7　石膏隧洞模型超载破坏试验裂隙发展过程

　　石膏隧洞的破坏面特征如图 6.8 所示，从模型试验可以看出，破坏主要发生在隧洞直墙两侧，在应力集中明显的墙脚和拱肩形成微小裂缝，随着荷载的增大，墙脚处裂缝斜向上向围岩深部发展，拱肩处裂缝斜向下发展；当荷载增加到一定值，墙脚和拱肩的裂缝相互贯通，形成半圆状滑体剥落。斜剪裂缝面控制了隧洞的破坏，破坏形式为剪切破坏。

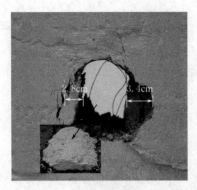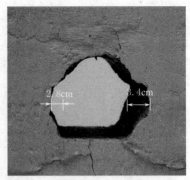

图 6.8　石膏隧洞模型破坏面特征

6.2.2　卸荷破坏试验

1. 破坏裂隙演化过程

为了研究石膏隧洞模型开挖卸荷破坏特征，制作全部填筑的石膏隧洞模型，并施加 σ_{zmax} 的初始围岩压力再开挖隧洞。

围岩开挖前如图 6.9（a）所示，围岩体没有明显的破坏裂隙。将围岩的竖向应力 σ_z 增加到 1.167MPa 后保持不变，从模型一侧逐渐向内开挖；当隧洞掘进 2/3 时，隧洞左侧拱肩产生斜向裂缝，右侧侧墙因产生上下贯通的裂缝而被挤出，如图 6.9（b）所示；当隧洞继续掘进，右侧侧墙挤出剥落，左右墙脚处产生斜向上的裂纹并逐渐扩展；模型隧洞开挖完成后，左右墙脚裂纹延伸长度分别达到 6cm 和 4cm，如图 6.9（c）所示，两侧直墙明显向内变形，但是破坏面并未继续发展，隧洞整体尚能保持稳定。

为了观察隧洞破坏的演化过程，继续在模型顶部施加荷载。当荷载 σ_z 增加到 1.250MPa 时，右侧侧墙围岩进一步剥落坍塌；当 σ_z 为 1.333MPa 时，左侧侧墙向内挤出，滑体内产生若干新的竖向裂缝，右侧裂缝也从墙脚贯通至拱肩，开裂深度增大，模型发生初次破坏，如图 6.9（d）所示；当荷载继续增加，左侧侧墙也整体塌落，隧洞围岩松动破坏范围进一步增大，四周土体向临空面挤进，洞形尺寸减小，如图 6.9（e）所示。

石膏隧洞开挖卸荷的破坏面如图 6.10 所示。从开挖卸荷试验可以看出，模型在一定应力作用下开挖后，在墙脚形成微小裂缝，随着隧洞的掘进，墙脚处裂缝斜向上向围岩深部发展，导致隧洞侧墙土体松动并向临空面变形；当荷载增加到一定值时，墙脚和拱肩的裂缝相互贯通，形成半圆状整体剥落，左侧破坏深度为 3.0cm，右侧破坏深度为 2.9cm，破坏形式为剪切破坏。

2. 应力应变演化过程

石膏隧洞开挖卸荷过程中，为了记录侧墙各点的径向、切向应变，试验应变片布置如图 6.11 所示，各测点的切向应变随竖向荷载的变化曲线如图 6.12 所示，各测点的径向应变随竖向荷载的变化曲线如图 6.13 所示，其中由于测点 14～18 应变片粘贴操作失误，数据不完整而未列出。

（a）$\sigma_z=1.167\text{MPa}$开挖前 　　　（b）$\sigma_z=1.167\text{MPa}$开挖2/3

（c）$\sigma_z=1.167\text{MPa}$全部开挖

（d）$\sigma_z=1.333\text{MPa}$

（e）$\sigma_z=1.417\text{MPa}$

图6.9　石膏隧洞模型随荷载作用的裂隙发展过程

　　　（a）右侧破坏面　　　　　　　　　（b）左侧破坏面

图 6.10　石膏隧洞模型的破坏面

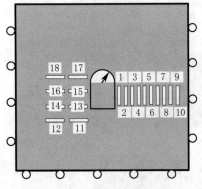　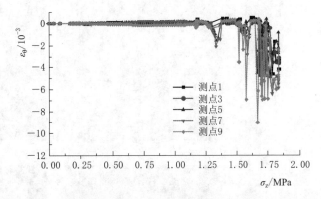

图 6.11　模型试验应变片布置图　　　图 6.12　隧洞模型侧墙各点切向应变随竖向荷载的变化曲线

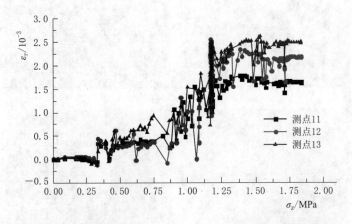

图 6.13　隧洞模型洞周各点径向应变随竖向荷载的变化曲线

　　由图 6.12 可知，隧洞侧墙切向各测点在隧洞开挖前的应变值随荷载的变化均较小。初始应力达到预设应力后，隧洞围岩开挖，但各测点的切向应变也仅有一定的增加，表明在隧洞开挖过程中竖向变形较小。模型开挖完成后继续加载，各测点的应变逐渐增大；当竖向荷载达到 1.333MPa 左右时，测点应变突增，表明隧洞侧墙产生了初次破坏；其后模型继续加载，各测点的应变波动明显增大，隧洞发生了进一步的破坏。

由图 6.13 可知，模型直墙各点尚未开挖就已经开始承受径向拉应力作用而产生拉应变，并随着荷载的增加而波动上升。导致开挖前就产生拉应力的主要原因是隧洞模型填筑时开挖体首先采用木质模具替代，待填筑完成后取出木质模具再回填相同材料的拌合料，由于回填空间狭小，导致压实度低于洞周，且模型受荷过程中侧墙附近围岩的变形不均匀。当模型顶部的竖向荷载 σ_z 达到 1.167MPa（$P_z = 70$kN）时，侧墙各测点的拉应变约为 $(1.0 \sim 1.5) \times 10^{-3}$。保持竖向荷载不变，从模型一侧逐渐向内开挖，测点 11、测点 12、测点 13 的拉应变不断增大，应变值大小为测点 13＞测点 12＞测点 11，表明开挖导致隧洞水平向内变形，导致侧墙产生拉应力作用，且越靠近侧墙中部，拉应变值越大，该结果与图 6.9（c）一致。模型开挖完成后继续加载，径向测点的应变增大。

由应变记录结果可以看出：石膏隧洞开挖卸荷，导致隧洞侧墙向临空面变形，直墙材料受拉破裂。隧洞稳定破坏前，竖向沉降变形较小，破坏发生时，竖向沉降明显加快，且应变快速增大，形成半圆状滑移面而整体坍塌。石膏模型开挖卸荷破坏的峰值荷载 σ_{zmax} 为 1.333MPa（$P_{zmax} = 80$kN）。

6.2.3 加、卸荷试验对比分析

图 6.14 是模型在表面荷载 σ_z 为 1.417MPa 时，超载和开挖卸荷的破坏面图。从模型试验破坏面对比来看，石膏隧洞超载形成半圆状滑移体，左侧破坏深度为 2.8cm，右侧破坏深度为 3.4cm，初次破坏荷载为 1.000MPa，滑移面裂缝张开度较大，而滑块体内部没有明显的裂隙生成，完整性良好，如图 6.14（a）所示。开挖卸荷同样发生侧墙破坏，左侧破坏深度为 3.0cm，右侧破坏深度为 2.9cm，破坏荷载为 1.333MPa，开挖卸荷的破坏范围与超载破坏试验结果接近，但峰值荷载有所增大。开挖卸荷的侧墙围岩主滑面伴随若干次生裂缝，裂缝张开度较小，但滑块内有较多交错的裂缝切割主滑体，使得剥落滑块的完整性较差，比第 2 章加轴压、卸围压应力路径下岩样破坏更加破碎和剧烈，可见隧洞开挖卸荷路径下的破坏比超载破坏试验更加剧烈。

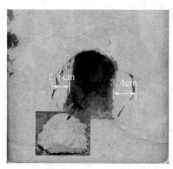 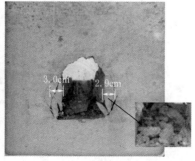

（a）超载破坏 　　　　　（b）卸荷破坏

图 6.14 石膏隧洞模型破坏面对比

6.3　复合材料隧洞破坏试验

6.3.1　超载破坏试验

1. 破坏裂隙演化过程

复合材料隧洞模型超载试验的裂隙发展过程如图 6.15 所示，图 6.15（a）为预制的复

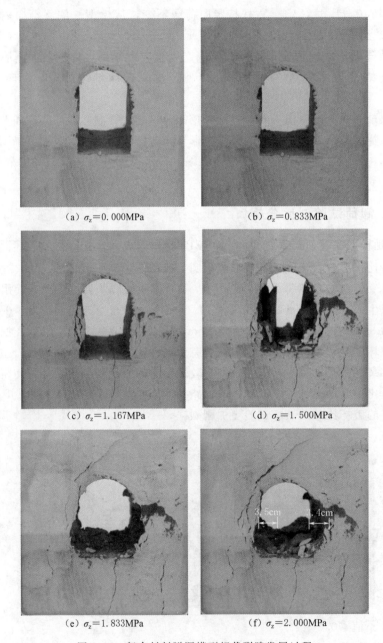

（a）$\sigma_z = 0.000\mathrm{MPa}$　　　　　　（b）$\sigma_z = 0.833\mathrm{MPa}$

（c）$\sigma_z = 1.167\mathrm{MPa}$　　　　　　（d）$\sigma_z = 1.500\mathrm{MPa}$

（e）$\sigma_z = 1.833\mathrm{MPa}$　　　　　　（f）$\sigma_z = 2.000\mathrm{MPa}$

图 6.15　复合材料隧洞模型超载裂隙发展过程

合材料隧洞模型。隧洞模型达到设计强度后，在顶部逐渐施加竖向荷载 σ_z。荷载较小时，隧洞模型无明显变化；当荷载 σ_z 增加到 0.833MPa（$P_z=50$kN）时，拱底产生一条长约 5.5cm 的裂缝，在墙脚和拱肩出现小细粒掉落，如图 6.15（b）所示。

当施加 1.000MPa（$P_z=60$kN）的荷载时，在隧洞左侧 2.4cm 深处产生竖向开裂，右侧墙脚产生斜向上的裂纹，裂纹长度 1.8cm，局部有小细粒掉落；σ_z 达到 1.167MPa（$P_z=70$kN）时，原左侧裂缝贯通并张开，且深部产生新的裂隙，破坏深度约 2.5cm，右侧墙脚裂纹斜向上扩展，且产生若干竖向裂缝，破坏深度 3.3cm，如图 6.15（c）所示；σ_z 为 1.250MPa（$P_z=75$kN）时，左侧张裂面整体剥落，剥落深度 2.4cm；σ_z 为 1.333MPa（$P_z=80$kN）时，右侧竖向裂缝张开，墙脚出现小块体掉落；荷载增加到 $\sigma_z=$ 1.50MPa（$P_z=90$kN）时，右侧张裂面也整体剥落，剥落深度 3.4cm，如图 6.15（d）所示，模型发生初次破坏。随着荷载的进一步增加，围岩逐层剥落，破坏面逐渐向两侧深部发展，如图 6.15（f）所示。

复合材料隧洞模型的破坏面如图 6.16 所示，从模型试验可以看出，隧洞围岩的破坏主要发生在直墙两侧，左侧破坏深度为 3.5cm，右侧破坏深度为 3.4cm。荷载作用下，隧洞直墙附近产生竖向裂缝，裂缝宽度增大，直墙土体剥落，破坏范围逐渐向洞内移动，同时在墙脚和拱肩分别形成斜向上和斜向下的剪切裂缝，切割隧洞直墙形成楔体，楔体滑移面向内移动，随着剪切裂缝宽度增大，形成若干张拉破裂面，进而逐层剥落，产生 V 形片帮剥落现象。破坏形式为直墙侧壁楔体剪切破坏和竖向张拉破坏耦合的片帮劈裂破坏，如图 6.16 折线所示。

（a）右侧破坏面 　　　　　　　　　　（b）左侧破坏面

图 6.16　复合材料隧洞模型的破坏面

2. 应力应变演化过程

复合材料隧洞超载过程中，为了记录洞周各点的径向、切向应变，试验应变片布置如图 6.17 所示，各测点的切向应变随竖向荷载变化曲线如图 6.18 所示，各测点的径向应变随竖向荷载变化曲线如图 6.19 所示。

由图 6.18 可知，隧洞拱底切向测点 1 在载荷作用下表现为受拉状态，但拱底处的拉压应变处于较小值（0.1×10^{-3} 左右），与图 6.15 拱底在荷载作用下产生竖向拉裂缝，但没有持续扩展的结果一致。隧洞侧墙切向测点 2、测点 3、测点 15、测点 16 在载荷作用下

 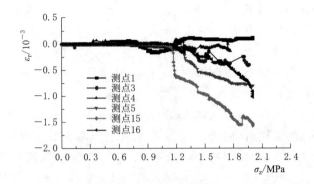

图 6.17　模型试验应变片布置图　　图 6.18　隧洞模型洞周各测点切向应变随竖向荷载变化曲线

表现为受压状态，在低荷载状态下应变缓慢增长，其中测点 3 的增长速度较快；当荷载增加到 1.167MPa 后，测点的应变增长速度为测点 15＞测点 16＞测点 3，即测点 15 和测点 16 的应变增长速度超过测点 3，主要原因是此时右侧洞壁开裂、剥落导致受荷减小，如图 6.15（d）、（e）所示。隧洞切向测点 4、测点 5 在载荷作用下也表现为受压状态，在低荷载状态下应变缓慢增长，当荷载超过 1.250MPa（75kN）后，压应变快速增长，此时拱肩处开始产生裂隙。

　　由图 6.19 可知，隧洞侧墙径向测点 6、测点 7、测点 8 在载荷作用下表现为受拉状态。竖向荷载达到 0.333MPa 时，测点拉应变开始波动增加，其中拱腰测点 7 的拉应变最大；当荷载增加到 1.167MPa 左右时，各测点的拉应变出现突变，其后应变值不规律上下波动，表明侧墙处应变片已受拉破坏，该结果与图 6.15（c）所示直墙竖向张拉裂缝结论一致。隧洞拱顶径向测点 17、测点 18、测点 19 在载荷作用下受压变形，压应变缓慢增大，没有明显的突变破坏点，表明隧洞拱顶保持稳定。隧洞拱底径向测点 12、测点 14 在载荷作用下也受压变形，竖向荷载达到 0.5MPa 时，伴随着拱底的开裂压应变明显增加，如图 6.15（b）所示，其后压应变保持稳定，表明拱底的破坏范围不再增加。

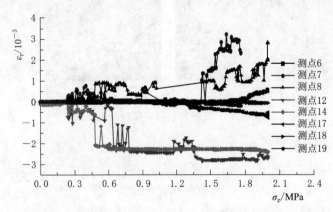

图 6.19　隧洞模型洞周各测点径向应变随竖向荷载变化曲线

　　由应变记录结果可以看出，隧洞拱底切向和侧墙径向承受拉应力作用，导致隧洞裂隙的产生和扩展。破坏由低应力时的拱底拉裂破坏转变为高应力时的侧墙拉剪耦合的 V 形片帮剥落破坏。由图 6.19 也可判断，复合材料模型超载试验的峰值荷载 σ_{zmax} 为 1.50MPa。

6.3.2 卸荷破坏试验

6.3.2.1 60%σ_{zmax}开挖卸荷破坏试验

1. 破坏裂隙演化过程

复合材料隧洞模型开挖卸荷破坏试验的裂隙发展过程如图 6.20 所示。开挖隧洞前，先将模型初始应力 σ_z 增加到 60%σ_{zmax}，即 1.000MPa（P_z＝60kN），受模型填筑均匀性

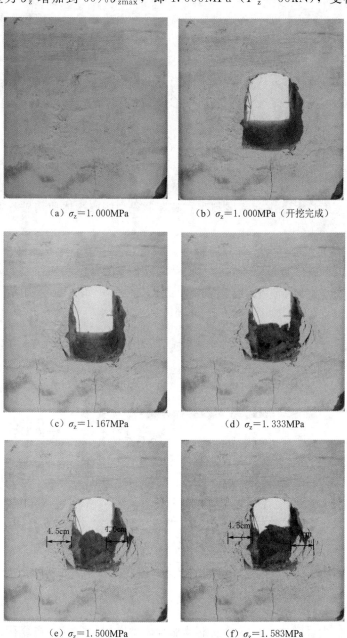

（a）σ_z＝1.000MPa 　　　（b）σ_z＝1.000MPa（开挖完成）

（c）σ_z＝1.167MPa 　　　（d）σ_z＝1.333MPa

（e）σ_z＝1.500MPa 　　　（f）σ_z＝1.583MPa

图 6.20　复合材料隧洞模型开挖卸荷破坏试验的裂隙发展过程

的影响，模型底部将产生一定范围的竖向裂缝。保持初始应力 σ_z 不变，从模型一侧逐渐向内开挖至完成，模型左侧墙脚产生若干裂纹，右侧墙腰 2.5cm 深处产生一条 1.5cm 左右的竖向裂缝，拱底裂缝宽度增大，隧洞开挖卸荷形成一定的开挖损伤区，但隧洞围岩整体保持稳定。

为了进一步观察隧洞的破坏演化过程，继续在模型顶部施加荷载。当荷载 σ_z 增加到 1.083MPa 时，左侧墙脚裂纹向上扩展，扩展方向逐渐与直墙平行，右侧墙脚至拱肩产生大量不连续的竖向短裂缝；当荷载 σ_z 增加到 1.167MPa 时，左侧侧墙中部也产生若干竖向短裂纹，墙脚裂纹向上扩展，右侧拱肩形成前后贯通的裂缝，在墙脚和拱肩不断有小细粒掉落，如图 6.20（c）所示；荷载达到 1.250MPa 时，左侧侧墙局部剥落，剥落深度约 1.5cm，隧洞两侧均形成不连续的分层张拉裂隙面；右侧直墙下侧也在 1.333MPa 荷载作用下剥落，剥落深度约 2.0cm；荷载增加到 1.583MPa 时，隧洞两侧 V 形楔体剪切面形成，如图 6.20（f）所示。荷载继续增加，形成新的剥落破坏，破坏面逐渐向两侧深部发展。

复合材料隧洞模型在 $60\%\sigma_{zmax}$ 围岩应力作用下开挖卸荷，仅在围岩侧墙附近产生小范围的损伤开裂。开挖完成后继续加载，受荷载的作用，侧墙中部附近产生竖向劈裂裂纹，同时从墙脚和拱肩形成斜剪裂缝，切割隧洞直墙形成楔体，楔体滑移面向内移动，侧墙竖向张拉裂缝宽度增大，进而逐层剥落。破坏形式为侧壁楔体剪切破坏和竖向张拉破坏耦合的 V 形片帮劈裂破坏。

2. 应力应变演化过程

复合材料隧洞开挖卸荷过程中，为了记录洞周各点的径向和切向应变，试验应变片布置如图 6.17 所示，各测点的切向应变随竖向荷载变化曲线如图 6.21 所示，各测点的径向应变随竖向荷载的变化曲线如图 6.22 所示，其中隧洞侧墙径向测点 6、测点 7、测点 8 由于数据不完整而未列出。

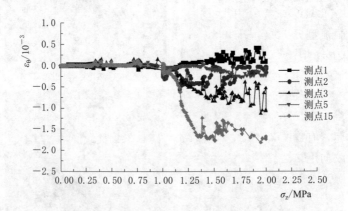

图 6.21　隧洞模型洞周各测点切向应变随竖向荷载变化曲线

由图 6.21 可知，隧洞模型开挖前，模型变形较小，各测点的应变值均较小；模型开挖完成后，应变仅少量增加；其后模型继续加载，拱底切向测点 1 在载荷作用下表现为受拉状态，表明拱底受拉时的受力状态与图 6.20（b）一致；洞周测点 2、测点 3、测点 5 在荷载作用下压缩变形，可见隧洞开挖后围岩向临空面挤压变形，从测点 3 和测点 15 的对比可以看出，荷载加载到 1.167MPa 前，两个测点的应变值基本相同，当荷载继续增加，测点 15 的应变增长速度明显大于测点 3，可见靠近洞周的围岩产生松动破坏，应力水平降低，应变增速下降。

由图 6.22 可知，直墙深部测点 10、测点 11 因开挖扰动产生拉应力，开挖完成后，拉应变达到最大值，表明直墙两侧围岩受拉应力作用。拱底测点 12、测点 13 在开挖和继续加载过程中产生压应变，但是应变值不大，表明拱底保持稳定。

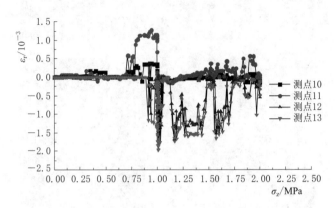

图 6.22　隧洞模型洞周各测点径向应变随竖向荷载变化曲线

由应变记录结果可以看出，隧洞开挖前，模型变形不大，应变值较小。隧洞开挖后洞周各点的应变明显增大，拱底切向和直墙径向承受拉应力作用，导致隧洞裂隙的产生和扩展，同时墙脚和拱肩产生剪切裂缝，使隧洞围岩向临空面挤压变形，破坏形式为侧墙拉剪耦合的 V 形片帮剥落破坏。

6.3.2.2　100%σ_{zmax}开挖卸荷破坏试验

1. 破坏裂隙演化过程

复合材料隧洞模型开挖卸荷破坏试验的裂隙发展过程如图 6.23 所示。开挖隧洞前，先将模型初始应力 σ_z 增加到 1.500MPa，保持初始应力不变，从模型一侧逐渐向内开挖，围岩没有产生明显的裂隙，整体保持稳定，模型开挖完成后如图 6.23（a）所示。

为了进一步观察隧洞围岩破坏的演化过程，继续施加荷载。当荷载增加到 1.667MPa 时，右侧直墙 1.0cm 深处产生若干竖向裂缝，隧洞直墙内壁产生多条竖向和纵向裂缝，左右墙脚处出现破坏，有细颗粒掉落；当荷载继续增加到 1.750MPa 时，两侧墙脚产生斜向上的剪裂缝，裂纹向上扩展，左侧直墙 1.0cm 深处也产生竖向裂缝，左侧直墙围岩向临空面挤压溃曲，如图 6.23（b）所示；当加载到 1.833MPa 时，直墙两侧围岩均向临空面挤压溃曲，墙脚到拱肩呈 V 形楔体贯通剪切破坏面；继续加载将形成新的剥落破坏，且破坏面逐渐向两侧深部发展，如图 6.23（d）所示，当加载到 170kN 时，第三层剥落裂缝已经贯通。

复合材料隧洞的开挖卸荷导致隧洞围岩损伤开裂，模型的破坏主要发生在隧洞侧墙。模型开挖完成后继续加载，侧墙附近首先产生竖向劈裂裂纹，同时在墙脚和拱肩形成斜剪裂缝，切割隧洞直墙形成楔体，楔体滑移面向内移动，直墙两侧围岩的竖向裂缝宽度增

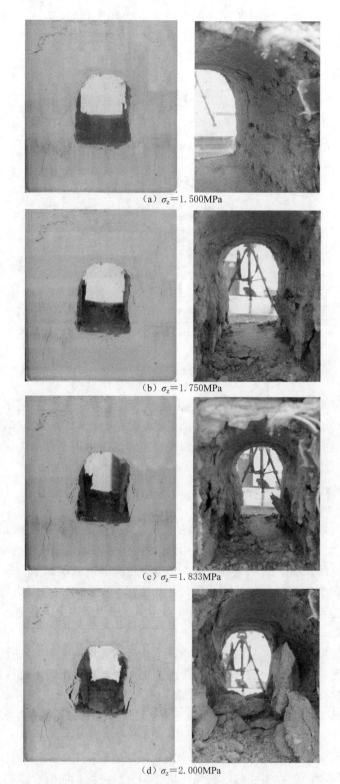

（a）$\sigma_z=1.500\text{MPa}$

（b）$\sigma_z=1.750\text{MPa}$

（c）$\sigma_z=1.833\text{MPa}$

（d）$\sigma_z=2.000\text{MPa}$

图 6.23　复合材料隧洞模型开挖卸荷破坏试验的裂隙发展过程

大，形成若干张拉裂缝，进而逐层剥落。破坏形式为侧壁楔体剪切破坏和竖向拉破坏耦合的 V 形片帮破坏。

2. 应力应变演化过程

复合材料隧洞开挖卸荷破坏过程中，为了记录洞周各点的径向和切向应变，试验应变片布置如图 6.17 所示，各测点切向应变随竖向荷载变化曲线如图 6.24 所示，各测点径向应变随竖向荷载变化曲线如图 6.25 所示。

由图 6.24 可知，隧洞模型开挖前，模型各测点的应变值均较小，可见模型变形较小。模型开挖后，各测点的应变值因开挖扰动而有一定的波动，但波动范围不大。隧洞模型继续加载，洞周各点在荷载作用下压缩变形，表明隧洞开挖后围岩向临空面挤进变形。

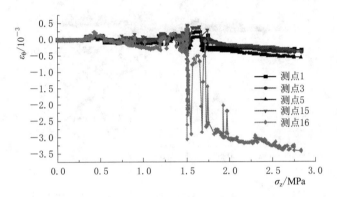

图 6.24　隧洞模型洞周各测点切向应变随竖向荷载变化曲线

由图 6.25 可知，隧洞侧墙径向测点 6～8 在应力超过 1.500MPa 后拉应变溢出，测点 9～11 在 1.833MPa 左右因拉应变过大而溢出，可见随着荷载的增加，隧洞直墙两侧围岩的破坏深度增加。拱底测点 12、测点 13 在荷载作用下产生压应变，但是应变值不大，隧洞整体剥落后，压应变值有一定的回弹。隧洞拱顶应变在开挖和继续加载时基本保持稳定。

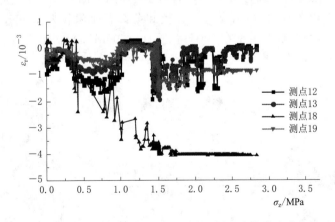

图 6.25　隧洞模型洞周各测点径向应变随竖向荷载变化曲线

由应变记录结果可以看出，隧洞开挖前，模型变形不大，应变值较小；隧洞开挖后，洞周各点的应变增大，拱底切向和侧墙径向受拉应力作用，导致隧洞竖向裂纹的产生和扩展，同时墙脚和拱肩产生剪切裂缝，围岩向临空面挤压变形并松动破坏，松动圈内应力水平降低。

6.3.3　超载、卸荷试验对比分析

图 6.26 为不同破坏模式下洞周各点切向应变的变化曲线，其中黑曲线为复合材料隧洞超载破坏应变曲线，浅灰色为复合材料隧洞在 $60\%\sigma_{zmax}$ （1.000MPa）初始应力下开挖卸荷的应变曲线。由图 6.26 可知，超载破坏试验在低应力作用时应变较小，荷载增加到 0.833MPa 后应变开始增大，1.250MPa 后应变快速增大。隧洞开挖卸荷前，围岩应变较小，而在 1.000MPa 初始应力作用下开挖后，各测点的应变快速增长。

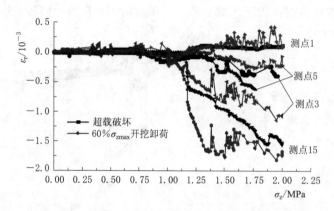

图 6.26　不同破坏模式下洞周各点切向应变变化曲线

超载和开挖卸荷对比来看，拱底测点 1 均产生一定的拉应变（0.1×10^{-3}），但应变值较小且不再增长，变化规律基本接近；测点 3、测点 5、测点 15 的应变在开挖卸荷模式下的应变增速均大于超载模式，说明开挖卸荷模式下围岩向临空面变形的速度更快，即破坏发展更快。

图 6.27 是复合材料隧洞模型超载和卸荷的破坏面对比图。其中图 6.27 （a）是复合材料隧洞模型超载，在表面荷载为 1.500MPa 时的破坏图；图 6.27 （b）是复合材料隧洞模型在 $60\%\sigma_{zmax}$ （1.000MPa）初始应力下开挖卸荷，表面荷载为 1.500MPa 时的破坏图；图 6.27 （c）是复合材料隧洞模型在 $100\%\sigma_{zmax}$ （1.500MPa）初始应力下开挖卸荷，在表面荷载为 1.833MPa 时的破坏图。

（a）超载破坏　　　　　　　　（b）1.000MPa开挖卸荷　　　　　（c）1.500MPa开挖卸荷

图 6.27　复合材料隧洞模型破坏面对比

从模型试验破坏面对比来看，复合材料隧洞超载时，直墙两侧围岩整体剥落，剥落体保持完整；而在有初始应力状态下开挖卸荷时，直墙两侧围岩向临空面挤压溃曲，剥落体的完整性差，同样表明开挖卸荷路径下的破坏更加剧烈。

6.4　不同材料对破坏形式的影响

由图 6.14 和图 6.27 破坏面对比来看，强度低的石膏破坏面为墙脚至拱肩相互贯通的半圆状滑体剪切破坏，破坏面裂缝张开度较大，滑块内无明显的裂隙生成，完整性良好，破坏形式为剪切破坏；而相对强度高的复合材料隧洞则是直墙楔体剪切破坏和竖向拉破坏耦合的 V 形片帮破坏，两种材料的破坏形式不同。

不同材料的隧洞模型试验破坏荷载如表 6.6 所示。由表 6.6 可知不同破坏模式下隧洞的破坏荷载不同，初始围岩应力越大，模型试验的破坏荷载越大。这可能是因为试验模型采用人工分层击实制作，而材料的击实度有限，施加初始围岩压力越大，对模型材料的压密作用越明显，围岩的强度越大。复合材料隧洞的强度高，相应的破坏荷载也大于石膏隧洞（表 6.6）。

表 6.6　　　　　　　　不同材料隧洞试验破坏荷载对比　　　　　　　单位：MPa

材料	初始围岩压力 σ'_z	破坏荷载 σ_{zmax}
石膏	0	1.000
	1.17	1.333
复合材料	0	1.500
	1.00	1.583
	1.50	1.833

6.5　小　　结

（1）石膏模型隧洞破坏面为墙脚至拱肩相互贯通的半圆状滑体破坏，破坏形式为剪切破坏。其中超载试验的破坏面裂缝张开度较大，滑块内无明显的裂隙生成，完整性良好；而开挖卸荷试验的裂缝张开度较小，滑块内形成较多交错裂缝切割滑体，滑块的完整性较差。隧洞开挖卸荷的破坏范围与超载试验较为接近，但破坏发生相对剧烈，且破坏荷载增大。

（2）复合材料隧洞受拉应力作用，直墙产生竖向裂隙，同时墙脚和拱肩分别斜向上和斜向下切割隧洞直墙形成楔体破坏面，破坏形式为侧壁楔体剪切破坏和竖向拉破坏耦合的 V 形片帮破坏。复合材料隧洞超载时，直墙两侧围岩整体剥落，剥落体保持完整；而在有初始应力状态下开挖卸荷时，直墙两侧围岩向临空面挤压溃曲，剥落体的完整性差。开挖卸荷模式下，围岩向临空面的变形速度更快，且初始应力越大，破坏越剧烈。

（3）同一材料在不同的破坏模式下，破坏形式相同，破坏范围接近，但开挖卸荷路径下的破坏荷载大于超载试验，且初始围岩压力越大，破坏荷载越大。围岩强度低时，表现为剪切破坏，随着强度增大，围岩向片帮劈裂破坏转化。围岩的强度越大，隧洞的承载力越大。

第7章 岩质地下工程开挖离散元试验

经典的隧洞开挖破坏模式解析解常视岩石为均匀各向同性、线弹性介质，而实际上岩体是大体积岩石的非连续组合体，这些不连续一般包括断裂、裂缝、断层和层理。而且岩石也存在初期形成的气孔、夹杂物和孔洞，因而是一种异构、多晶材料，故围岩可被视作一种模量和强度均各向异性的材料。隧洞围岩中微裂隙在荷载作用下不断扩展，由量变发展到质变，产生宏观破坏，表现为围岩体的开裂、变形和破坏。基于此，细观力学模型快速发展，颗粒流模型被用于隧洞等岩土工程的研究，从细观角度研究隧洞的破坏，还可以得到宏观试验所无法得到的信息。

本章结合室内模型试验，通过颗粒流模拟，对比分析隧洞超载和开挖卸荷的扰动区裂隙的扩展、应力应变规律等，研究破坏过程中细观裂纹与破坏前兆的关系，探讨隧洞裂隙演化和破坏机理。

7.1　颗 粒 流 计 算 模 型

为了将室内模型试验与 PFC2D 数值试验进行对比分析，通过 FISH 语言编程，建立1∶1的颗粒流模型，采用平面应变约束，对模型的左右墙和底板进行约束，在模型的上表面通过伺服控制实现隧洞超载破坏和开挖卸荷破坏数值模拟，来研究隧洞细观裂隙扩展演化规律、细观应力、变形特征等。图 7.1 为颗粒流计算模型，图 7.2 为布设的测量元，试验细观参数的选用见第 5 章。

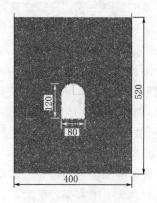

图 7.1　隧洞试验示意图（单位：mm）

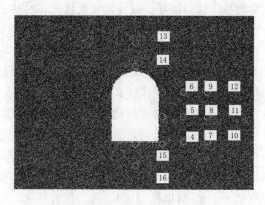

图 7.2　隧洞测量元示意图

7.2 石膏隧洞颗粒流试验

7.2.1 超载破坏试验

1. 损伤裂隙演化过程

图 7.3 为石膏隧洞超载破坏试验的损伤区演化过程图。

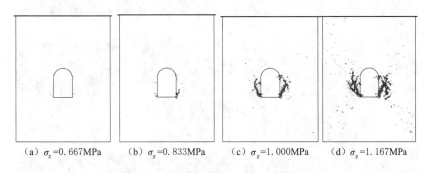

(a) $\sigma_z=0.667$MPa　　(b) $\sigma_z=0.833$MPa　　(c) $\sigma_z=1.000$MPa　　(d) $\sigma_z=1.167$MPa

图 7.3 石膏隧洞超载试验损伤演化规律

由图 7.3 可知，当模型表面荷载较小时，隧洞模型无明显裂隙产生；当荷载为 0.667MPa 时，在隧洞墙脚和拱肩开始出现损伤；随着加载墙的进一步压缩，模型表面荷载增大，墙脚处裂缝斜向上向围岩深部发展，同时直墙两侧中部也出现一定损伤，但拱肩处损伤区增加不明显；$\sigma_z=0.917$MPa(55kN)时，墙脚斜向上的裂隙扩展到直墙 2/3 处，扩展方向转向拱肩，拱肩处损伤区增大；$\sigma_z=1.000$MPa(60kN)时，墙脚到拱肩的裂隙面已经贯通，形成半圆状滑移体，直墙两侧向临空面挤进 0.5cm，拱顶下沉 0.9cm，拱底基本没有变形。隧洞围岩向临空面挤进变形，产生初破坏，破坏形式为剪切破坏，损伤深度 3.5cm。随着荷载的进一步增加，直墙两侧的破坏向围岩深部发展，形成新的滑移面。

图 7.4 是石膏隧洞室内试验和数值试验破坏面对比图。由图 7.4 可知，荷载较小时隧洞无明显裂隙产生；当 $\sigma_z=0.917$MPa(55kN)时，室内模型试验产生一条长约 6.0cm 的竖向裂缝，数值实验形成一条长 6.5cm 的斜剪裂缝，均有细颗粒掉落；当 $\sigma_z=1.000$MPa 时，隧洞直墙两侧墙脚至拱肩形成半圆状贯通滑移面，室内试验的破坏深度为 2.5~3.4cm，而数值试验的破坏深度为 3.0~3.5cm，如图 7.4(b) 所示；随着荷载的进一步增加，室内试验没有新的裂缝发展，而数值试验的破坏区进一步增大。

从模型试验对比来看，室内试验和数值试验的隧洞破坏形式相同，破坏面范围接近，峰值荷载相同，破坏面演化规律一致。由此可见细观参数选取可靠，颗粒流可用于模拟隧洞的破坏。

2. 应力应变演化规律

围岩中承载结构主要以拱结构的形式存在，自然状态下的岩土体在荷载变化过程中，其内部会自发形成最有利于岩体稳定的拱桥承载结构。研究结果表明，砂性隧洞

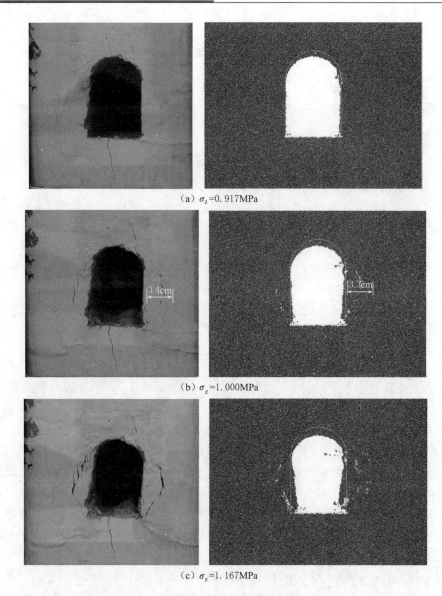

(a) σ_z=0.917MPa

(b) σ_z=1.000MPa

(c) σ_z=1.167MPa

图 7.4 石膏隧洞超载破坏试验破坏面对比

围岩中荷载的传递路径为力链,力链是大颗粒几何体受到荷载作用后,颗粒间相互接触、传递作用力,形成的极为复杂的空间力链网络结构。力链表达了颗粒集合体内部的接触力分布,通常根据接触力的强弱判断传递荷载的大小,一般根据传递荷载的份额大小划分为强力链和弱力链,研究表明材料的受力特性、破坏形式主要受强力链控制。

图 7.5 是石膏隧洞超载试验接触力链分布图,图 7.6 是拱顶、拱底压力拱距临空面的深度和直墙两侧围岩松动区深度随荷载的变化曲线,由图可知,隧洞超载初期,强力链位于直墙临空面,在隧洞拱顶和拱底形成压力拱,拱高分别为 1.8cm 和 4.0cm,如图 7.5(a) 变化曲线图所示;随着荷载的增加,强力链移向两侧围岩深部,直墙两侧也形

成松动区，并随着荷载的增加松动区范围增大，拱顶压力拱深度也有所增加，但是增速小于直墙处，而拱底的压力拱深度没有变化；当荷载为 1.000MPa 时，拱顶压力拱深度 3.1cm，拱底压力拱深度 4.1cm，直墙处松动深度达 3.2cm，此时接触荷载达到最大值；其后荷载继续增加，强力链向围岩深部移动，松动破坏范围继续扩大。

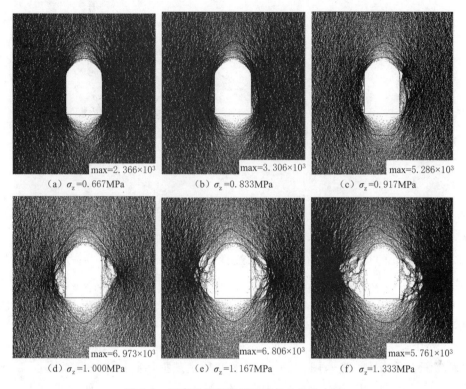

（a）$\sigma_z=0.667\text{MPa}$　　（b）$\sigma_z=0.833\text{MPa}$　　（c）$\sigma_z=0.917\text{MPa}$

（d）$\sigma_z=1.000\text{MPa}$　　（e）$\sigma_z=1.167\text{MPa}$　　（f）$\sigma_z=1.333\text{MPa}$

图 7.5　石膏隧洞超载试验接触力链分布图

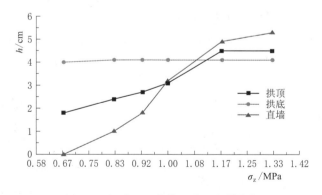

图 7.6　松动（压力拱）范围变化曲线

　　图 7.7 是石膏隧洞超载破坏荷载和变形关系曲线，其中深黑色为室内试验，浅灰色为数值模拟。由图 7.7 可以看出，加载过程中顶板荷载和变形基本呈线弹性关系，

数值试验和室内试验曲线接近，初次破坏的荷载和应变接近。但是初次破坏后，室内试验的应力—应变曲线继续上升，而数值试验的应力—应变曲线逐渐偏离线弹性趋势达到峰值荷载而弯曲，室内试验的弹性模量和峰值荷载高于数值试验，主要是加载板的挤密作用导致模型材料强度提高，而数值试验材料强度则相对稳定。

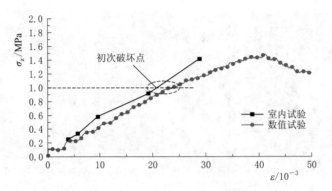

图 7.7　石膏隧洞超载破坏时荷载和变形关系曲线对比

图 7.8 是石膏隧洞超载破坏时直墙两侧测量元应力变化曲线。由图 7.8 可知，随荷载增加，各测量元的径向和切向应力均近线性增加，各测点的切向应力 σ_θ 大于隧洞表面应力 σ_z，而径向应力 σ_r 小于表面应力 σ_z，如测点 4：$\sigma_r : \sigma_z : \sigma_\theta = 0.55 : 1.00 : 1.70$，可见荷载作用下，隧洞临空面附近径向和切向应力均在增加，但增速不同，使应力差增大；当表面应力 σ_z 达到 $0.712\text{MPa}(P_z = 43\text{kN})$ 时，测点 4 应力达到峰值（$\sigma_r = 0.395\text{MPa}$，$\sigma_\theta = 1.21\text{MPa}$）后快速下降，可见该处的围岩黏结键断裂而发生松动破坏，颗粒接触荷载减小，这与图 7.3（a）隧洞开始出现损伤破坏一致；而测点 5、测点 6 的应力在 $\sigma_z = 0.830\text{MPa}(P_z = 50\text{kN})$ 时达到峰值，切向应力 σ_θ 分别为 0.833MPa 和 1.28MPa，其后应力快速下降至较低水平，可见由于裂隙的产生，临空面围岩产生松动；当荷载增加到 $\sigma_z = 1.000\text{MPa}(P_z = 60\text{kN})$ 时，测点 8 的应力达到峰值后下降，而测点 7、测点 9 在 $\sigma_z = 1.017\text{MPa}(61\text{kN})$ 时达到峰值应力，即隧洞的松动圈范围随荷载的增加而增大；荷载的继续增加，深部测点陆续达到应力峰值，围岩松动圈范围不断增大。

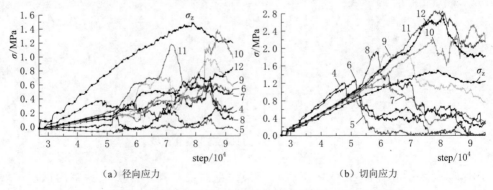

（a）径向应力　　　　　　　　　　　（b）切向应力

图 7.8　石膏隧洞超载破坏时直墙测量元的应力变化曲线

图 7.9 是石膏隧洞超载破坏时拱底、拱顶测量元应力变化曲线。由图 7.9 可知，拱底测点 15 在荷载作用下，径向应力基本为零，而切向产生拉应力作用，且拉应力随表面荷载增大而增加，当荷载增加到 $0.865\text{MPa}(P_z = 52\text{kN})$ 时，拉应力达到峰值 $\sigma_\theta = -0.113\text{MPa}$，然后拉应力逐渐下降，并在峰值荷载处转化为压应力，可见荷载作用下模型底部会产生一定水平的拉应力作用，但拉应力水平较低且不会持续增长，该结果与室内模型试验一致。拱顶处，在荷载作用下，径向应力和切向应力线性增加，当表面荷载超过 $0.833\text{MPa}(50\text{kN})$ 后，径向应力不再增加，而切向应力继续增大。隧洞产生初次破坏前，拱顶和拱底的应力变化规律保持相对稳定，没有明显的突变点，可见拱顶和拱底保持稳定状态。隧洞初次破坏后继续加载，当表面荷载达到峰值后，拱顶、拱底测量元的切向应力出现拐点，应力水平快速上升，峰后颗粒流模型发生整体破坏。

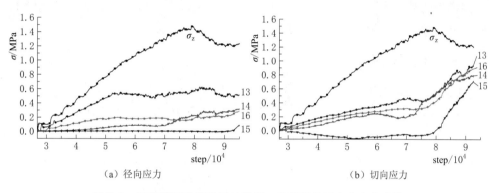

（a）径向应力　　　　　　　　（b）切向应力

图 7.9　石膏隧洞超载破坏时拱底、拱顶测量元应力变化曲线

3. 声发射规律

围岩破坏过程中以弹性波形式释放出瞬时应变能的现象即为声发射。围岩变形破坏的过程实际是内部微裂隙萌生、扩展和失稳的过程。围岩的声发射现象与其受力破坏间存在必然的联系，可利用声发射技术监测围岩内部的损伤变形。因此，通过对围岩破坏过程的声发射特性分析，总结声发射特征与围岩力学参数之间的联系，可以反演判断出围岩内部结构的破坏机制，从而预测、预报围岩工程破坏失效的前兆。

围岩的强度主要受细观黏结强度影响，细观颗粒内部非均匀力链传递相互作用力，而黏结键的损伤破坏和扩展可能会导致宏观断裂，故岩样的损伤与内部裂纹的发展直接相关。在 PFC 模拟过程中，颗粒黏结键的破坏会伴随应变能的释放，导致声发射活动，因此可通过监测 PFC 模型声发射活动，得到围岩破坏演化规律。

图 7.10 为石膏隧洞超载破坏试验的声发射演化规律。加载初期，荷载小于 0.667MPa（40kN）时，声发射活动很平静，振铃计数率值水平较低，围岩仅有弹性变形；荷载增加，声发射活动开始活跃，隧洞临空面出现裂隙；当荷载达到 $1.000\text{MPa}(60\text{kN})$ 时，振铃计数率达到 500 次/s 左右，此时隧洞直墙两侧裂纹贯通发生初次破坏；初次破坏后继续加载，声发射活跃度更高，并在峰值荷载（89kN）处达到最大振铃计数率（1200 次/s），峰后声发射活动逐渐减弱，但振铃计数率量值维持在 300 次/s 左右。

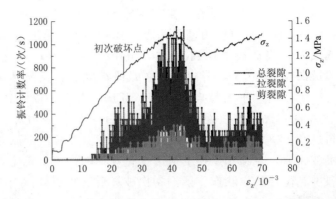

图 7.10　石膏隧洞超载破坏试验的声发射演化规律

隧洞模型约从 $66\%\sigma_{z\max}$ 开始出现损伤裂隙，其后，声发射活动逐渐活跃，发生贯通破坏时，振铃计数率达到 500 次/s 左右。

7.2.2　卸荷破坏试验

1. 损伤裂隙演化过程

图 7.11 为将石膏隧洞围岩的竖向应力 σ_z 增加到 $1.167\mathrm{MPa}(P_z=70\mathrm{kN})$ 后保持不变，并进行开挖卸荷试验的损伤区演化过程图。

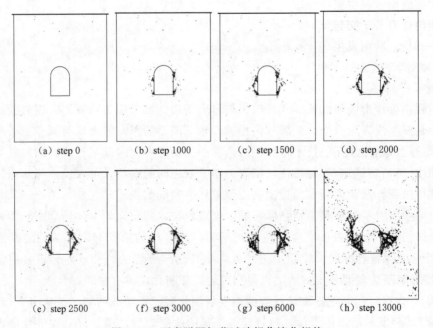

（a）step 0　　（b）step 1000　　（c）step 1500　　（d）step 2000

（e）step 2500　　（f）step 3000　　（g）step 6000　　（h）step 13000

图 7.11　石膏隧洞卸荷试验损伤演化规律

由图 7.11 可知，隧洞开挖前，无明显裂隙产生；模型开挖后，保持竖向应力 $\sigma_z=1.167\mathrm{MPa}$ 不变，进行数值迭代，当迭代步为 1000 时，在隧洞模型墙脚和拱肩出现损伤，直墙两侧深部也出现一定损伤；继续迭代，墙脚处裂缝斜向上向围岩深部发展，拱肩处裂缝卸向下发展，且临空面有少量颗粒体剥落；迭代到 2500 步时，墙脚到拱肩的裂隙面已经贯通；继续迭代，滑移面的裂隙宽度增大，直墙两侧的破坏向围岩深部发展，形成更大的破坏面。

图 7.12 为石膏隧洞模型室内试验和数值试验破坏面对比图。

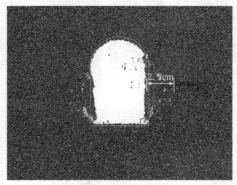

（a）$\sigma_z = 1.333$MPa　　　　　（b）$\sigma_z = 1.167$MPa

图 7.12　石膏隧洞模型室内试验和数值试验破坏面对比图

从破坏形式对比来看，开挖卸荷会导致隧洞侧墙土体松动并向临空面变形，墙脚和拱肩处裂缝扩展并相互贯通，形成滑移剥落体。室内试验在 1.167MPa 荷载作用下开挖，仅产生若干裂缝而未发生整体破坏，荷载继续增加至 1.333MPa 时才形成贯通的滑移面，并且滑移面内伴有若干交错裂隙，破坏深度为 2.9～3.0cm；而数值试验，在 1.167MPa 荷载作用下开挖，隧洞发生破坏，但滑体相对完整，破坏深度为 2.6～2.9cm。隧洞室内试验和数值试验的破坏形式相同，破坏面演化规律一致，破坏面范围接近，但破坏荷载不同，主要是由于数值试验的强度相对稳定，而室内试验初始应力对模型材料具有挤密作用，因而峰值强度增大。颗粒流能够替代室内模型试验，并较好地模拟隧洞的开挖卸荷破坏过程。

2. 应力应变演化规律

图 7.13 为石膏隧洞在 1.167MPa 应力作用下卸荷试验的接触力链分布图。

由图 7.13 可知，隧洞卸荷前力链分布较为均匀，最大接触荷载为 3.69kN；隧洞开挖后，强力链位于临空面；而迭代 1000 步后，在隧洞拱顶和拱底形成压力拱，拱高分别为 2.3cm 和 3.7cm，墙脚和拱肩处产生应力集中，形成最大接触力，最大接触荷载增大至 4.56kN 时，会导致墙脚和拱肩破坏，强力链向围岩内部发展；继续迭代，直墙两侧围岩松动圈范围增大；迭代步为 2500 时，两侧松动区范围约为 2.2cm；迭代步为 6000 时，两侧松动区范围增大为 3.4cm，但是拱顶和拱底保持稳定，压力拱范围变化不明显。

图 7.14 是模型荷载和变形关系曲线，其中深黑色为室内试验，浅灰色为数值模拟。卸荷试验施加初始应力阶段，顶板荷载波动上升，与应变基本呈线弹性关系；模型开挖卸荷后，应力不增加，应变随之不断增大，直到隧洞模型产生第一次贯通破坏，应力有所下降，其后应力应变曲线再次上升，但是曲线斜率降低。这主要是由于隧洞直墙两侧围岩剥

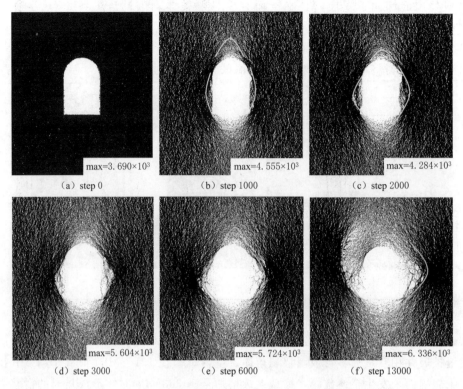

图 7.13　石膏隧洞卸荷试验接触力链分布图

落后，隧洞形成新的轮廓，需要更大的荷载才能发生破坏；继续加载，应力一应变曲线逐渐偏离线弹性趋势并在达到峰值荷载后弯曲下降。

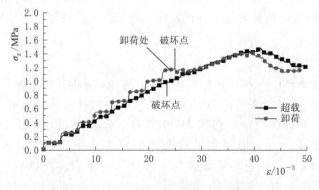

图 7.14　模型荷载和变形关系曲线对比

　　图 7.15 是模型开挖卸荷过程中，直墙测量元应力变化曲线。由图 7.15 可知，施加初始应力阶段，各测点的应力随表面施加的荷载线性增加，竖向（切向）应力 σ_θ 与模型表面施加应力 σ_z 相等，水平（径向）应力 σ_r 较小，$\sigma_r : \sigma_z : \sigma_\theta = 0.21 : 1.0 : 1.0$。应力施加到 1.167MPa 后，对隧洞模型进行开挖卸荷，测点 4 的径向应力快速上升达到峰值（$\sigma_\theta = 0.74$MPa）后下降，而测点 5、测点 6 的径向应力快速降为零，测点 4、测点 5、测

点 6 的切向应力也快速降低至较小值，可见开挖卸荷后隧洞临空面的卸荷效应明显。卸荷之初，测点 7、测点 8、测点 9 的切向应力和径向应力均有所增大，可见刚卸荷时，该位置尚未发生破坏；其后，迭代 500 步后，测点 8 的径向应力达到峰值（$\sigma_r = 0.466$MPa，$\sigma_\theta = 1.80$MPa），迭代 770 步后，测点 9 的径向应力达到峰值（$\sigma_r = 0.884$MPa，$\sigma_\theta = 1.90$MPa），后应力逐渐下降，可见围岩的破坏松动圈范围扩大；继续迭代，深部测点陆续达到应力峰值，围岩松动圈范围不断扩大。

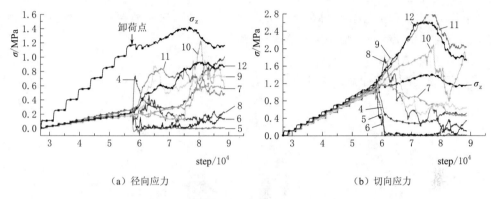

（a）径向应力 （b）切向应力

图 7.15 隧洞开挖卸荷直墙测量元应力变化曲线

按照弹塑性理论，隧洞围岩的径向应力减小而切向应力增加，但是颗粒流计算表明，隧洞围岩开挖后，临空面附近应力集中，形成强力链作用，围岩的径向和切向应力均增加，从而使围岩产生开裂破坏，破坏区域内的围岩松动，径向和切向应力均下降，强力链向围岩内部移动，并导致内部围岩的径向和切向应力快速上升，围岩松动破坏范围进一步增大。

图 7.16 为模型开挖卸荷过程中拱顶和拱底测量元应力变化曲线。由图 7.16 可知，施加初始应力阶段，各测点的应力相等，随表面施加的荷载线性增加，竖向（径向）应力 σ_θ 与模型表面施加应力 σ_z 相等，水平（切向）应力 σ_r 小于表面应力，$\sigma_r : \sigma_z : \sigma_\theta = 0.21 : 1.0 : 1.0$。应力施加到 1.167MPa 后，对隧洞模型进行开挖卸荷，从径向应力来看，测点 13～测点 16 的径向应力均快速跌落至较小值，其中围岩内部测点 13、测点 16 的应力大于表面测点 14、测点 15，测点 13 的应力 σ_r 降为 0.53MPa 左右，而测点 16 的

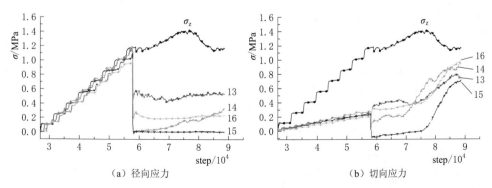

（a）径向应力 （b）切向应力

图 7.16 隧洞开挖卸荷试验拱顶、拱底测量元应力变化曲线

应力 σ_r 约为 0.21MPa，径向应力分别瞬间释放 55% 和 82%，其后测点的径向应力基本保持不变，可见在整个过程中，拱顶和拱底的受力状态保持相对稳定。从切向应力来看，测点 14、测点 15 的切向应力快速下降，其中开挖卸荷导致拱底测点 15 由压应力状态（$\sigma_\theta = 0.235$MPa）快速转变为拉应力状态（$\sigma_\theta = -0.104$MPa），而测点 13、测点 16 的应力有所增大，其后的迭代计算中切向应力也基本保持不变。可见在整个过程中，拱顶和拱底受力状态保持相对稳定，但拱底产生一定水平的拉应力，故实际隧洞开挖过程中需要及时施作仰拱以保证拱底的安全。

隧洞围岩初次破坏后继续加载，隧洞顶、底测点的切向应力在峰值荷载处产生拐点，应力水平快速增长，隧洞模型发生整体失稳破坏。

3. 声发射规律

图 7.17 为隧洞模型卸荷试验的声发射演化规律。

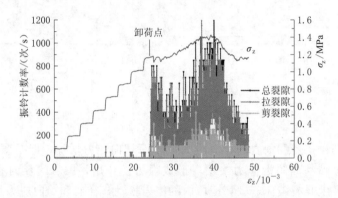

图 7.17　隧洞模型开挖卸荷试验的声发射演化规律

隧洞模型开挖卸荷前，声发射活动很平静，振铃计数率量值水平很低；在 1.167MPa 初始应力作用下开挖卸荷，声发射活动立即异常活跃，并保持较高的振铃计数率，达到 780 次/s 左右，隧洞直墙两侧裂隙快速贯通发生破坏；初次破坏后继续加载，声发射活动活跃性有所减弱，最大振铃计数率降为 300 次/s；继续加载，声发射活动活跃性上升，并在峰值荷载（1.417MPa）处达到最大振铃计数率（1200 次/s），峰后声发射活动逐渐减弱，但振铃计数率量值维持在 250 次/s 左右。

7.2.3　超载、卸荷试验对比分析

从围岩的破坏面对比来看，隧洞超载试验中隧洞拱顶下沉 0.9cm，直墙损伤深度 3.6cm，而卸荷试验中拱顶仅下沉 0.5cm，拱底上扬，直墙损伤深度 4.4cm（图 7.18）。超载试验和卸荷试验的破坏形式均为直墙两侧向临空面挤进的剪切破坏，但卸荷破坏时，围岩向临空面的变形较小，损伤深度更大，即破坏更具有隐蔽性。

从模型荷载—变形关系曲线对比来看，线弹性段的卸荷试验曲线的弹性模量大于超载试验，曲线的波动性也明显，卸荷试验发生第一次破坏时应力有所下降而超载试验应力保持上升，但两种试验方法的破坏点应变接近，完成一次破坏后，继续加载，两者的应力应变曲线重合，峰值荷载也接近。

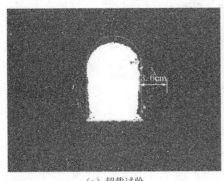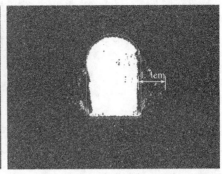

（a）超载试验　　　　　　　　　　　　（b）卸荷试验

图 7.18　石膏隧洞试验破坏面对比图

从围岩细观应力变化来看，超载试验时，在 0.833MPa 荷载作用下，测点 4、测点 5、测点 6 的应力达到峰值后产生松动下降，而测点 7、测点 8、测点 9 点的应力则在 1.000MPa 荷载下达到峰值，且松动圈的范围随荷载增加而逐渐增加。在 1.167MPa 荷载作用下开挖卸荷时，测点 4～测点 9 快速破坏，松动破坏圈范围以较快的速度发展。可见，超载试验时，洞周围岩的径向应力和切向应力均随荷载的增加而增加，直到隧洞直墙两侧围岩松动破坏，松动区内应力达到峰值后下降，松动圈的范围随荷载增加而逐渐增加；开挖卸荷时，稳定区的围岩的径向应力瞬间释放 55% 以上，切向应力仅有小幅增加，破坏区的围岩径向和切向应力均快速上升达到峰值应力而产生松动破坏，松动区应力快速下降，且松动圈范围以较快的速度发展。卸荷后围岩的应力变化迅速，而超载破坏时应力变化相对平缓，说明卸荷时的破坏更具突发性。

从声发射对比来看，超载破坏时，随着荷载的增加，声发射活动由平静期逐渐活跃，经过一段时间的活跃期后才发生第一次破坏，破坏时振铃计数率约 500 次/s（图 7.10）。而开挖卸荷后，声发射立即异常活跃并快速产生破坏，振铃计数率为 780 次/s，大于超载破坏过程。第一次破坏后，超载破坏的声发射活跃性增加，而开挖卸荷有所减弱。

7.3　复合材料隧洞颗粒流试验

7.3.1　超载破坏试验

1. 损伤裂隙演化过程

图 7.19 为复合材料隧洞超载试验的损伤区演化过程图。由图 7.19 可知，当模型表面荷载较小时，隧洞模型无明显损伤裂隙产生；当荷载为 1.083MPa 时，隧洞的墙脚和拱肩开始出现损伤；进一步加载，墙脚和拱肩的损伤范围增大，向围岩深部发展；当荷载为 1.500MPa 时，右侧墙脚斜裂缝已经扩展到直墙 2/3 处，而拱肩处损伤区较小，左侧拱肩斜向下发展到直墙 1/3 处，而墙脚的裂隙发展不明显；1.600MPa 荷载时，两侧

墙脚到拱肩的裂隙面在直墙 2/3 处相互贯通，拱顶向临空面挤进 1.8cm，两侧直墙滑移体向内挤进 0.5～0.9cm，模型隧洞产生初次破坏，损伤深度 4.9～6.2cm，滑移剪切面深度 2.8～3.1cm，破坏形式为剪切破坏；随着荷载的增加，直墙两侧的破坏向围岩深部发展，形成新的滑移面。

(a) σ_z=1.083MPa　　　(b) σ_z=1.417MPa　　　(c) σ_z=1.500MPa

(d) σ_z=1.550MPa　　　(e) σ_z=1.600MPa　　　(f) σ_z=1.667MPa

图 7.19　复合材料隧洞超载试验的损伤区演化过程图

图 7.20 为复合材料隧洞室内超载试验和颗粒流数值试验破坏面对比图。对比室内试验和数值试验图，荷载较小时均无明显裂隙产生；室内模型施加 1.000MPa（P_z＝60kN）荷载时，在隧洞左侧 2.4cm 深处竖向开裂，右侧墙脚产生斜向上的裂纹，裂纹长度 1.8cm，有局部小细粒掉落，数值试验则在 1.083MPa 荷载下开始出现破坏；荷载增加，室内试验模型两侧直墙产生若干竖向和斜向裂纹并不断扩展，在 1.500MPa 荷载时，两侧直墙都整体剥落，剥落深度 3.4cm（图 7.20）。而数值试验时，损伤破坏位置也是在直墙两侧，但仅产生斜向的主裂隙而没有竖向次生裂纹，直到 1.600MPa 荷载，两侧裂隙相互贯通，产生第一次破坏，破坏深度 2.8～3.1cm。可见，室内试验和数值试验的破坏均发生在直墙两侧、破坏范围接近，峰值荷载接近。随着荷载的进一步增加，室内试验没有新的裂缝发展而数值试验的破坏区进一步增加。

2. 应力应变演化规律

图 7.21 为复合材料隧洞超载破坏接触力链分布图。由图 7.21 可知，隧洞超载初期，强力链位于直墙临空面，在隧洞拱顶和拱底形成压力拱，拱高分别为 1.9cm 和 4.0cm，如

(a) σ_z=1.417MPa

(b) σ_z=1.500MPa

(c) σ_z=1.600MPa

图 7.20　复合材料隧洞室内超载试验和颗粒流数值试验破坏面对比图

图 7.21 的灰色曲线所示；荷载由 0.5MPa 逐渐增加到 1.167MPa 过程中，颗粒间的接触荷载逐渐增大，但是力链的分布规律没有发生明显的变化，强力链依旧位于直墙临空面，方向与直墙平行；荷载增加到 1.333MPa 时，直墙两侧力链弯曲，强力链位置向直墙内侧移动，如图 7.21 的灰色曲线所示。可见，隧洞直墙两侧有一定的卸荷松动区，但隧洞拱顶和拱底的压力拱深度基本保持不变，与图 7.19（b）的裂隙扩展规律一致。荷载继续增加，直墙两侧松动区范围增大，拱顶的压力拱深度也有所增加，但是深度变化速率小于直墙处，而拱底的压力拱深度没有变化；当荷载为 1.500MPa 时，拱顶压力拱深度 2.8cm，拱底压力拱深度 4.0cm，直墙处松动区深度 2.0～3.2cm，其中隧洞右侧直墙围岩接触应

力明显减小，可见该处围岩松动。荷载为 1.600MPa 时，隧洞左侧直墙围岩接触应力也明显减小，隧洞两侧围岩均整体松动。荷载继续增加，强力链向围岩深部移动，松动区范围增大。

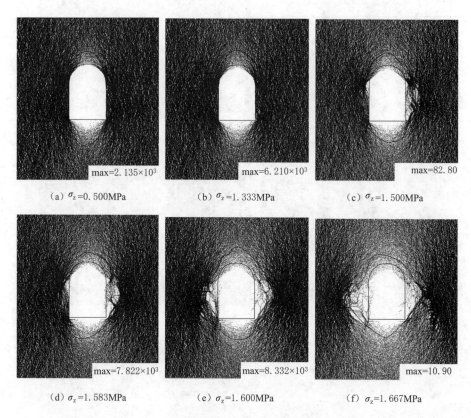

（a）σ_z=0.500MPa　　　　　（b）σ_z=1.333MPa　　　　　（c）σ_z=1.500MPa

（d）σ_z=1.583MPa　　　　　（e）σ_z=1.600MPa　　　　　（f）σ_z=1.667MPa

图 7.21　复合材料隧洞超载破坏接触力链分布图

图 7.22 为拱顶拱底压力拱、直墙两侧松动区范围随荷载的变化曲线。由图 7.22 可知，拱底的压力拱深度保持稳定，荷载小于 1.333MPa 时，拱顶压力拱深度和直墙两侧松动区深度随荷载缓慢增加；当荷载超过 1.333MPa 后，深度随着荷载的增加而快速增加。荷载为 1.600MPa 时，松动区深度有一个明显的突变，说明隧洞破坏荷载为 1.600MPa。

图 7.23 为复合材料隧洞超载破坏荷载和变形关系曲线对比。由图 7.23 可以看出，加载初期顶板荷载和变形呈线弹性关系，室内模型试验和数值试验曲线基本重合。室内模型试验的破坏荷载为 1.500MPa，应变为 33×10^{-3}，数值试验的破坏荷载为 1.600MPa，应变为 36×10^{-3}，初次破坏的荷载和应变接近。初次破坏后，室内试验的曲线有所弯曲，但仍然可以承受更大荷载，而数值模型试验初次破坏后，强度下降较明显，主要是由于加载板的挤密作用导致室内模型材料强度提高，而数值试验材料强度相对稳定，数值试验的应力—应变曲线逐渐偏离线弹性趋势并在达到峰值荷载时弯曲，室内试验的弹模和峰值荷载均高于数值试验。

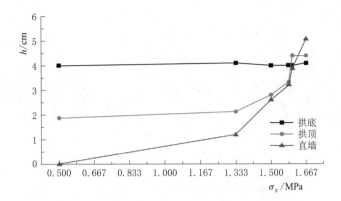

图 7.22 松动（压力拱）范围随荷载变化曲线

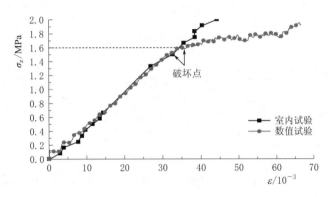

图 7.23 复合材料隧洞超载破坏荷载和变形关系曲线对比

图 7.24 为复合材料隧洞超载试验直墙测量元应力变化曲线。由图 7.24 可知，随荷载增加，各测量元的应力均线性增加，测点的切向应力 σ_θ 大于隧洞表面应力 σ_z，约为 σ_z 的 1.05～1.80 倍，而径向应力 σ_r 小于表面应力 σ_z，约为 σ_z 的 0.12～0.62 倍。可见隧洞超载破坏临空面附近应力状态的径向和切向应力均在增加，但增速不同。当表面应力 σ_z 达到 1.333MPa（$P_z = 80$kN）时，测点 4 应力达到峰值（$\sigma_r = 0.78$MPa，$\sigma_\theta = 2.03$MPa）后跌落，可见隧洞开始产生损伤破坏。测点 5、测点 6 的应力 σ_z 在 1.367MPa（$P_z = 82$kN）时达到峰值应力，σ_θ 分别为 0.83MPa 和 1.28MPa，其后应力快速下降至较低应力水平，可见由于裂隙的产生，临空面表面围岩产生松动。当荷载增加到 1.533MPa（$P_z = 92$kN）时，测点 7 的切向应力达到峰值（$\sigma_\theta = 1.57$MPa）后下降；测点 9 在 1.55MPa（$P_z = 93$kN）时达到峰值应力（$\sigma_\theta = 2.10$MPa），荷载为 1.590MPa（$P_z = 95$kN）时，测点 8 的切向应力达到峰值（$\sigma_\theta = 2.14$MPa）后下降，可见围岩的松动圈范围增大；荷载继续增加，围岩深部测点相继达到应力峰值，其后应力跌落，围岩松动圈范围不断增大。

图 7.25 为复合材料隧洞超载试验拱顶和拱底测量元应力变化曲线。由图 7.25 可知，整个加载过程中，各测量元的径向和切向应力均小于模型表面施加应力 σ_z。

从径向应力来看，各测点应力值不同，其中围岩内部测量元 13、测量元 16 的应力

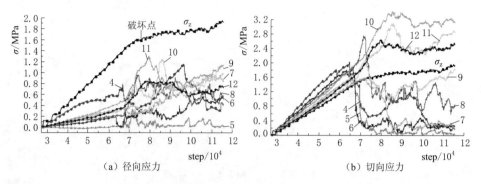

图 7.24　复合材料隧洞超载试验直墙测量元应力变化曲线

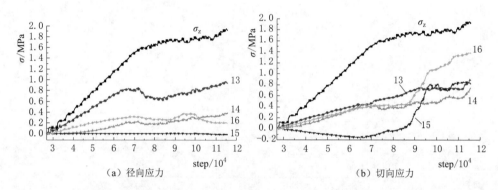

图 7.25　复合材料隧洞超载试验拱顶和拱底测量元应力变化曲线

大于表面测量元 14、测量元 15，即径向应力由表面向围岩内部逐渐增大。拱底测点 15 的径向应力基本为零，应力施加到 1.392MPa（P_z＝83.5kN）后，测点 13～测点 16 的径向应力达到峰值，其后测量元的径向应力基本保持不变。从切向应力来看，测点 15 在荷载作用下，切向产生拉应力作用，当荷载增加到 1.386MPa（P_z＝83kN）时，拉应力达到峰值 σ_θ＝－0.163MPa 后逐渐下降，并在峰值荷载处转化为压应力。可见荷载作用下模型底部会产生一定水平的拉应力，但拉应力不会持续增长，该结果与室内模型试验一致。而测点 13、测点 14、测点 16 切向为压应力状态，压应力值基本相等，随模型表面应力 σ_z 的增加而增大，约为 σ_z 的 0.3 倍。可见拱顶和拱底应力状态保持相对稳定。

　　隧洞初次破坏后继续加载，σ_z 超过 1.72MPa（峰值应力差）后，拱底测点 15、测点 16 应力产生明显拐点，快速增长，而拱顶测点 13、测点 14 按原趋势增长，模型整体失稳。

　　3. 声发射规律

　　图 7.26 为复合材料隧洞超载试验过程中的声发射演化规律。加载初期，荷载小于 1.083MPa 时，声发射活动很平静，振铃计数率量值基本为零，围岩仅有弹性变形；荷载继续增加，声发射活动开始活跃，振铃计数率不断增大，隧洞临空面出现裂缝；当荷载达到初次破坏荷载（1.600MPa）时，振铃计数率达到 450 次/s 左右；初次破坏后继续加载，声发射活跃度更高，并在峰值荷载（1.717MPa）处达到最大振铃计数率（850 次/s），峰

后声发射活动逐渐减弱，但振铃计数率量值维持在 400 次/s 左右。

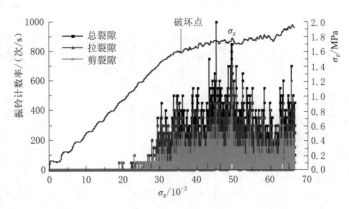

图 7.26　复合材料隧洞超载试验的声发射演化规律

隧洞模型约从 $68\%\sigma_{zmax}$ 开始出现损伤裂隙，其后，声发射活动逐渐活跃，发生初次贯通破坏时，振铃计数率达到 450 次/s 左右。

7.3.2　卸荷破坏试验

1. 损伤裂隙演化过程

图 7.27 为将复合材料隧洞围岩的竖向应力 σ_z 增加到 $60\%\sigma_{zmax}$（1.000MPa）后保持不变，进行开挖卸荷试验的损伤区演化过程图。由图 7.27 可知，隧洞开挖前，无明显裂隙产生；模型开挖后，进行数值迭代，模型并无明显的破坏发生。其后继续对模型加载至 1.250MPa 时，在隧洞模型墙脚和拱肩出现损伤；荷载为 1.500MPa 时，墙脚处裂缝斜向上向围岩深部发展，拱肩处裂缝斜向下发展，且临空面有少量颗粒体剥落；在 1.583MPa 荷载作用下，墙脚到拱肩的裂隙面发生贯通破坏；继续加载，滑移面的裂隙宽度增大，直墙两侧的破坏向围岩深部发展，形成新的滑移面。

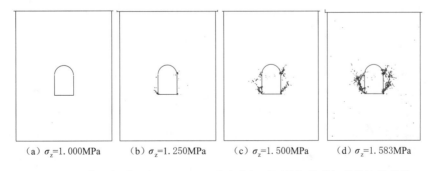

(a) $\sigma_z=1.000$MPa　　(b) $\sigma_z=1.250$MPa　　(c) $\sigma_z=1.500$MPa　　(d) $\sigma_z=1.583$MPa

图 7.27　复合材料隧洞在 1.000MPa 应力作用下开挖卸荷破坏损伤演化规律

图 7.28 为复合材料隧洞在 1.000MPa 应力作用下卸荷的室内试验和数值试验破坏面对比图。室内试验的荷载增加到 1.583MPa 时，隧洞两侧 V 形楔体剪切面形成，室内试验的破坏深度为 4.0～4.5cm；而数值试验时，也在 1.583MPa 荷载作用下，隧洞墙脚至拱

肩的裂隙面贯通发生剪切破坏，数值试验的破坏深度为 2.5～2.9cm，两者的破坏位置和
范围接近，破坏荷载相同。

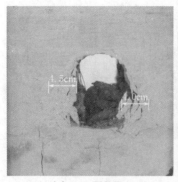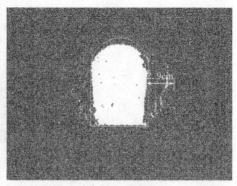

　　　　(a) σ_z=1.583MPa　　　　　　　　　　　(b) σ_z=1.583MPa

图 7.28　复合材料隧洞在 1.000MPa 应力作用下卸荷破坏试验破坏面对比图

　　图 7.29 为将复合材料隧洞围岩的竖向应力 σ_z 增加到 1.500MPa 后保持不变，进行开
挖卸荷试验的损伤区演化过程图。由图 7.29 可知，隧洞开挖前，无明显裂隙产生；模型
开挖后，模型墙脚和拱肩开始出现损伤区。继续加载，在隧洞模型墙脚和拱肩损伤区域增
大，墙脚处裂缝斜向上向围岩深部发展，拱肩处裂缝斜向下发展；在 1.550MPa 荷载作用
下，墙脚到拱肩的裂隙面已经贯通；继续加载，滑移面的裂隙宽度增大，直墙两侧的破坏
向围岩深部发展，形成新的滑移面。

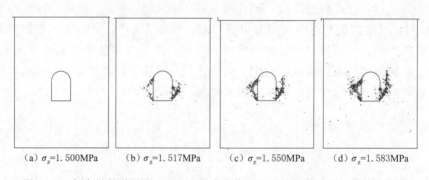

(a) σ_z=1.500MPa　　(b) σ_z=1.517MPa　　(c) σ_z=1.550MPa　　(d) σ_z=1.583MPa

图 7.29　复合材料隧洞在 1.500MPa 应力作用下开挖卸荷破坏损伤演化规律

　　图 7.30 为复合材料隧洞在 1.500MPa 开挖卸荷的室内试验和数值试验破坏面对比图。
室内试验的荷载增加到 1.833MPa 时，隧洞两侧 V 形楔体剪切面形成，室内试验的破坏深
度为 1.8～2.1cm；而数值试验时，在 1.550MPa 荷载作用下，隧洞墙脚至拱肩的裂隙面
贯通发生剪切破坏，数值试验的破坏深度为 2.9cm。

　　与数值试验相比，室内试验的剥落块体会在中部溃曲破裂，完整性差，而数值试验时
的滑移体相对较为完整。其主要原因是颗粒流的材料性质相对均匀，同时其抗拉强度高于
实验材料，张拉裂缝发展不充分，但隧洞破坏形式相同，破坏面演化规律一致，破坏面范
围相近。

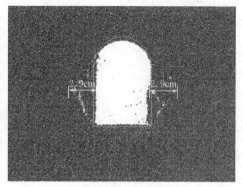

(a) σ_z=1.833MPa　　　　　　　　　(b) σ_z=1.550MPa

图 7.30　复合材料隧洞模型在 1.500MPa 应力作用下卸荷破坏试验破坏面对比图

2. 应力应变演化规律

图 7.31 是不同初始围岩应力作用下隧洞荷载—变形关系曲线对比。

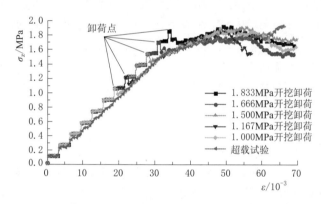

图 7.31　不同初始围岩应力作用下隧洞荷载—变形关系曲线对比

卸荷前施加初始应力阶段，顶板荷载波动上升，应力—应变基本呈线弹性关系，与超载试验相比，线弹性段的卸荷试验曲线的弹性模量略大于超载试验，曲线的波动性也更明显；达到初始应力状态后，对模型开挖卸荷，应力应变曲线均有小幅下降。当初始应力小于围岩破坏应力 σ_{zmax} 时，隧洞开挖后不破坏，对模型继续加载，应力应变曲线与超载试验基本重合；当初始应力大于围岩破坏应力 σ_{zmax} 时，隧洞开挖后模型应力不增加，而应变增大，隧洞快速发生初次贯通破坏；初次破坏后继续加载，应力应变曲线再次上升，但是曲线斜率降低，主要是由于隧洞直墙两侧围岩损伤剥落导致围岩模量下降，同时隧洞形成新的轮廓，需要更大的荷载才可能发生二次破坏。

图 7.32 为模型在 1.000MPa 应力作用下开挖卸荷直墙测量元应力变化曲线。由图 7.32 可知，施加初始应力阶段，各测点的应力随表面施加的荷载线性增加，切向应力 σ_θ 与模型表面施加应力 σ_z 相等，径向应力 σ_r 较小，$\sigma_r : \sigma_z : \sigma_\theta$ 之比约为 0.21 : 1.0 : 1.0。应力施加到 1.000MPa 后，对隧洞模型进行开挖卸荷，测点 4、测点 6 的切向应力快速上升（σ_θ^4=1.55MPa，σ_θ^6=1.30MPa），而测点 5、测点 6 的径向应力快速下降。可见，小应

力作用下开挖卸荷，径向应力减小，切向应力增加，与弹塑性围岩应力理论一致，开挖卸荷后隧洞保持整体稳定。

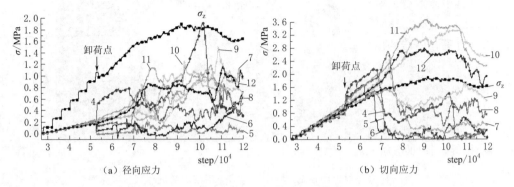

图 7.32　1.000MPa 应力作用下开挖卸荷直墙测量元应力变化曲线

　　开挖完成后继续加载，测点 4、测点 6 的切向应力也逐渐增加。当加载到 1.200MPa($P_z = 72$kN)时，测点 6 切向应力达到峰值 $\sigma_\theta^6 = 1.52$MPa 后快速下降；1.383MPa($P_z = 83$kN)时，测点 4 切向应力达到峰值 $\sigma_\theta^4 = 2.19$MPa 后快速下降，表明隧洞临空面松动，而测点 7、测点 8、测点 9 的应力快速上升。当荷载增加到 1.583MPa($P_z = 95$kN)左右时，测点 7、测点 8、测点 9 先后达到峰值应力（$\sigma_\theta^7 = 1.51$MPa，$\sigma_\theta^8 = 2.70$MPa，$\sigma_\theta^9 = 2.45$MPa），然后快速跌落，隧洞的松动区范围增大至 4cm。随荷载的继续增加，隧洞模型荷载达到峰值后下降，深部测点陆续达到应力峰值，围岩松动圈范围不断增大。

　　图 7.33 为模型在 1.500MPa 应力作用下开挖卸荷直墙测量元应力变化曲线。由图 7.33 可知，施加初始应力阶段，各测点的应力随表面施加的荷载线性增加，切向应力 σ_θ 与模型表面施加应力 σ_z 相等，径向应力 σ_r 较小，$\sigma_r : \sigma_z : \sigma_\theta = 0.21 : 1.0 : 1.0$。应力施加到 90kN 后，对隧洞模型进行开挖卸荷，测点 4 的径向应力快速上升达到峰值（$\sigma_r = 0.79$MPa）后下降，测点 5、测点 6 的径向应力快速降为零，而测点 4、测点 5、测点 6 的切向应力快速上升到峰值（$\sigma_\theta^4 = 1.96$MPa，$\sigma_\theta^5 = 1.46$MPa，$\sigma_\theta^6 = 1.84$MPa）后快速下降，可见较大初始围岩应力作用下，开挖会导致临空面快速松动破坏。卸荷之初，测

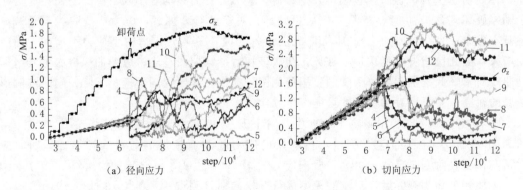

图 7.33　1.500MPa 应力作用下开挖卸荷直墙测量元应力变化曲线

点 7、测点 8、测点 9 的切向应力和径向应力均有所增大，可见刚卸荷时，该位置尚未发生破坏；其后，迭代 8000 步后，荷载为 1.550MPa，测点 7、测点 8、测点 9 的应力也达到峰值，其中测点 7 的峰值应力为 $\sigma_r=0.30$MPa、$\sigma_\theta=1.54$MPa，测点 8 的峰值应力为 $\sigma_r=1.05$MPa、$\sigma_\theta=2.88$MPa，测点 9 的峰值应力为 $\sigma_r=0.83$MPa、$\sigma_\theta=2.17$MPa，应力逐渐下降。可见，围岩的破坏松动圈范围扩大；继续迭代，深部测点陆续达到应力峰值，围岩松动圈范围不断扩大。

图 7.34 为模型分别在 1.000MPa 和 1.500MPa 下开挖卸荷过程中，拱顶和拱底测量元应力变化曲线。由图 7.34 可知，不同围岩应力状态下的应变变化规律基本接近。施加初始应力阶段，各测点的应力随表面施加的荷载线性增加，切向应力 σ_θ 与模型表面施加应力 σ_z 相等，径向应力 σ_r 约为 σ_z 的 0.21 倍。

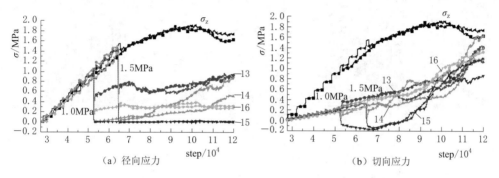

图 7.34 隧洞开挖卸荷拱顶、拱底拱顶测量元应力变化曲线

施加到预设开挖应力后，对隧洞模型进行开挖卸荷。从径向应力来看，测点 13～16 的径向应力均快速跌落至较小值，测点 13 的应力 σ_r 降为 0.66MPa 左右，而测点 16 的应力 σ_r 约为 0.30MPa，其中围岩内部测量元 13、测量元 16 的应力大于表面测量元 14、测量元 15，其后测量元的径向应力基本保持不变。从切向应力来看，测点 14、测点 15 的切向应力也快速下降，而测点 13、测点 16 的应力有所增大，其中测点 15 受荷，切向产生拉应力作用，拉应力随表面荷载增大而增加，拉应力达到峰值 $\sigma_\theta=-0.18$MPa 后逐渐下降，并在峰值荷载处转化为压应力。可见荷载作用下模型底部会产生一定水平的拉应力，但拉应力不会持续增长，该结果与室内模型试验一致。而测点 13、测点 14、测点 16 切向为压应力状态，压应力随模型表面应力 σ_z 的增加而增大，约为 σ_z 的 0.3 倍。σ_z 超过峰值应力 1.84MPa 后，测量元测点应力出现明显拐点并快速增长。

在 1.5MPa 时开挖卸荷的拱底拱顶测量元应力的增降幅度大于 1.0MPa 时，开挖完成后继续加载，二者差异不明显。与超载破坏试验相比，卸荷后，测量元的应力变化迅速，而超载破坏时应力变化较为平缓。

3. 声发射规律

图 7.35 为不同应力状态下隧洞模型开挖卸荷过程中的声发射演化规律。

隧洞开挖卸荷前，声发射活动均很平静，振铃计数率量值水平均基本为零；开挖卸荷后，不同初始应力状态，声发射活动活跃程度不同。

当初始应力为 1.000MPa（$P_z=60$kN）时，开挖后隧洞保持稳定，振铃计数率仅为

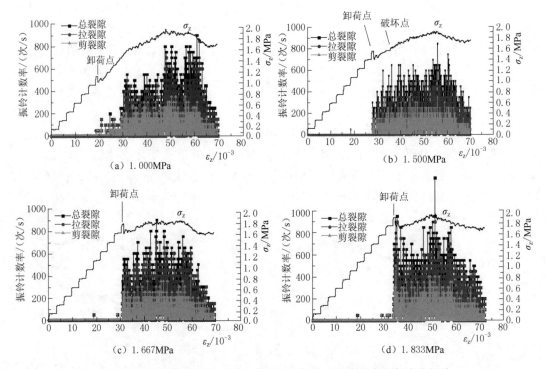

图 7.35　不同应力状态下隧洞模型开挖卸荷过程中的声发射演化规律

50 次/s；随着模型加载，声发射活动逐渐活跃，振铃计数率不断增大；在 1.583MPa 荷载时，直墙处裂纹贯通发生一次破坏，振铃计数率达到 500 次/s 左右；一次破坏后继续加载，声发射活跃度更高，并在峰值荷载（1.833MPa）处达到最大振铃计数率（800 次/s），峰后声发射活动逐渐减弱，但振铃计数率量值维持在 300 次/s 左右。

　　当初始应力为 1.500MPa(P_z=90kN)时，开挖后隧洞两侧直墙发生破坏，声发射活动较为活跃，振铃计数率为 300 次/s；其后声发射活动保持较高的活跃度，并在 1.550MPa 荷载时，隧洞裂隙贯通发生一次破坏，振铃计数率达到 450 次/s 左右；一次破坏后，模型声发射活动保持活跃，并在峰值荷载（1.900MPa）处达到最大振铃计数率（700 次/s），峰后声发射活动逐渐减弱，但振铃计数率量值维持在 250 次/s 左右。

　　当初始应力为 1.833MPa(P_z=110kN)时，开挖后隧洞声发射活动异常活跃，并保持较高的振铃计数率，达到 900 次/s 左右，隧洞直墙两侧裂隙快速贯通发生一次破坏；一次破坏后，声发射活动略有减弱，最大振铃计数率为 600 次/s；继续加载，声发射活动活跃性上升，并在峰值荷载（1.917MPa）处达到最大振铃计数率（900 次/s），峰后声发射活动逐渐减弱，但振铃计数率量值维持在 350 次/s 左右。

　　从不同应力状态开挖对比来看，当开挖应力较低时，开挖后隧洞保持稳定，隧洞有一段平静期，随荷载的增加，声发射由平静期逐渐活跃，经过一段时间的活跃期后才发生第一次破坏。而当开挖应力较高时，开挖卸荷后隧洞无法保持自稳，声发射立即异常活跃并快速产生破坏，振铃计数率大于超载破坏过程。第一次破坏后，超载破坏的声发射活跃性增加，而开挖卸荷时声发射活动有所减弱。

7.3.3　加、卸荷试验对比分析

从围岩的破坏面对比来看，隧洞超载试验拱顶下沉达 1.8cm，直墙损伤深度为 3.1cm，如图 7.20(c) 所示；而 1.000MPa 卸荷试验拱顶下沉 1.0cm，直墙损伤深度 2.9cm，如图 7.28(b) 所示，1.500MPa 卸荷试验拱顶下沉 0.6cm，直墙损伤深度 2.9cm，如图 7.30(b) 所示。这表明超载试验和卸荷试验的破坏形式均为直墙两侧向临空面挤进的剪切破坏，但卸荷破坏时，围岩向临空面的变形量相对较小，卸荷破坏的变形前兆不明显。

从围岩细观应力变化来看，超载试验时，围岩松动圈的范围随荷载增加而逐渐增加。卸荷试验时，当初始围岩应力小于隧洞破坏荷载，围岩开挖后保持稳定，继续加载，初始围岩应力越大，破坏荷载减小，如表 7.1 所示。当初始围岩应力大于破坏荷载，隧洞开挖后围岩松动破坏圈范围以较快的速度发展。这表明卸荷路径下围岩的应力变化迅速，而超载破坏时应力变化相对平缓，也说明卸荷时的破坏更具突发性。

表 7.1　　　　　　　　　　　不同破坏模式的荷载、声发射对比

初始围岩压力 σ_z/MPa	PFC 试验破坏荷载 σ_{zmax}/MPa	声发射振铃计数率/(次/s)	
		开挖时	破坏时
0	1.600	0	450
1.000	1.583	50	500
1.500	1.550	300	700
1.667	1.667	550	550
1.833	1.833	900	900

从声发射对比来看，超载破坏时，随荷载的增加，声发射由平静期逐渐活跃，经过一段时间的活跃期后才发生第一次破坏，破坏时振铃计数率约 450 次/s(表 7.1)。而在一定应力作用下开挖卸荷时，开挖过程中也发生声发射活动，且围岩破坏时的振铃计数率大于超载破坏过程，计数率随初始应力的增大而增大，即围岩应力越大，围岩的破坏发展越剧烈。

7.4　不同材料对破坏形式的影响

图 7.36 为不同材料隧洞超载破坏试验的荷载变形关系曲线。由图 7.36 可知，复合材料隧洞的强度高，相应弹性段的弹性模量大，初始损伤荷载和破坏荷载均大于石膏隧洞。不同材料隧洞试验的具体破坏荷载见表 7.2。

表 7.2　　　　　　　　　　　不同材料隧洞试验破坏荷载

材　　　料	初始围岩压力 σ_z/MPa	室内模型试验破坏荷载 σ_z/MPa	PFC 试验破坏荷载 σ_z/MPa
石膏	0	1.000	1.000
	1.17	1.333	1.167
复合材料	0	1.500	1.600
	1.00	1.583	1.583
	1.50	1.833	1.550

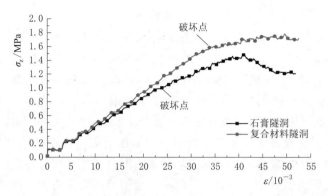

图 7.36　不同材料隧洞超载试验荷载—变形关系曲线对比

PFC 计算表明，初始围岩应力越大，模型试验的破坏荷载越小，而室内试验相反，主要是因为隧洞开挖时产生扰动应力，初始围岩应力越大，附加扰动应力越大，围岩越容易破坏。隧洞的室内模型制作采用人工分层击实，材料的击实度有限，施加初始围岩压力时，对模型材料具有压密作用，导致其强度增强，模型的承载力增大。

图 7.37 为石膏和复合材料隧洞在应力作用下，测量元 4、测量元 5、测量元 6 的细观应力变化曲线。由图 7.37 可知，围岩测量元在应力达到峰值后松动破坏而快速下降，其中峰前应力段，石膏隧洞和复合材料隧洞围岩测点基本呈线弹性关系，但复合材料隧洞峰后段的测量元应力近垂直下降，且应力降幅较大，而石膏隧洞的峰后应力下降稍缓，应力降幅也小，即高强度围岩的松动破坏发展较快。

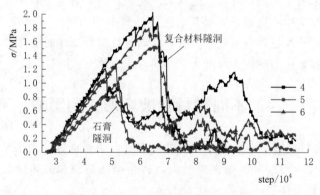

图 7.37　不同材料隧洞超载试验直墙测量元应力变化曲线

7.5　小　结

本章进行了室内模型试验与 PFC2D 数值试验对比分析，通过裂隙扩展演化规律、细观应力、力链、声发射等的变化研究隧洞的破坏规律，得出以下结论：

（1）隧洞破坏试验时，墙脚和拱肩的围岩首先出现损伤，随着荷载增加，损伤区向深部发展，墙脚到拱肩的裂隙面在直墙 2/3 处贯通，使直墙两侧滑体松动破坏，松动区内应力水平下降。超载试验和卸荷试验的破坏形式均为直墙两侧向临空面挤进的剪切破坏，但开挖卸荷时围岩向临空面的变形较小，损伤深度却更大，即破坏更具有隐蔽性。数值试验的隧洞破坏形式与室内试验相同，破坏面范围接近，峰值荷载相同，破坏面演化规律一致，这表明颗粒流可用于隧洞破坏的模拟。

（2）隧洞开挖前围岩力链分布较为均匀；隧洞开挖后，拱顶和拱底形成压力拱，墙脚和拱肩处产生应力集中，形成最大接触力链，导致墙脚和拱肩破坏。强力链向直墙内侧移动，导致松动破坏区范围进一步增大。强力链是松动破坏区和稳定区的分界面，是围岩裂隙扩展的主要动力。

超载试验时，洞周围岩的径向应力和切向应力均随荷载的增加而增加，直到隧洞直墙两侧围岩松动破坏，松动圈的范围也随荷载增加而逐渐增加，而松动区内应力达到峰值后下降。开挖卸荷时，拱顶和拱底稳定区围岩的径向应力瞬间释放 50％以上，切向应力仅有小幅增加，而破坏区的围岩径向和切向应力均快速上升达到峰值应力而产生松动破坏，松动圈范围以较快的速度发展，松动区应力快速下降。隧洞开挖时产生扰动应力，初始围岩应力越大，附加扰动应力越大，围岩越容易破坏，隧洞的破坏荷载越小。围岩卸荷破坏后，峰后应力下降速度更快，卸荷破坏更具突发性。围岩的强度越高，相应的初始损伤荷载和破坏荷载越大，且围岩破坏后松动破坏发展也较快。

（3）超载破坏时，随荷载的增加，声发射活动由平静期逐渐活跃，经过一段时间的活跃期后才发生第一次破坏。而开挖卸荷后的声发射立即异常活跃并快速产生破坏，且振铃计数率大于超载破坏过程，表明开挖卸荷路径的破坏发生较快。

第8章 岩质地下工程围岩分级方法

上文在室内试验和数值模拟基础上进行了岩石破坏机理的研究，有利于对卸荷岩体破坏过程深层次的理解。但在实际工程应用过程中，岩块力学性质与岩体力学性质之间存在着明显的区别，不能直接采用岩块的试验结果。因此，这里对现有的围岩分级方法进行改进，使其更适用于岩质地下工程，对岩质地下工程设计计算方法进行讨论，并分别用青岛地铁与重庆地铁工程进行验证。

地下岩体是复杂的地质体，地质环境充满差异性和随机性，导致地下工程的设计施工环境远比地面工程复杂。围岩分级和围岩力学参数的确定是地下工程设计施工的基本前提。

对围岩环境进行地质勘查，即在围岩地质勘查资料和岩石试验数据的统计、分析以及归纳的基础上，确定影响围岩稳定的各种因素并进行综合评价，从而确定围岩级别、评价围岩的稳定性。由于技术条件的限制，无法通过测试手段准确确定隧洞岩石强度，需要借助围岩分级等经验手段。而随着隧洞工程的迅猛发展，隧洞深度、跨度都在增加，带来许多前所未有的围岩问题，原有围岩分级方法［如《工程岩体分级标准》（GB 50218—94）、《公路隧道设计规范》（JTG D 70—2004）以及《铁路隧道设计规范》（TB 10003—2005）等］逐渐不能很好地反映真实的围岩状况。

在我国当前规范中，围岩分级方法主要有两类：一类是定性与定量指标相结合的定性分级方法，主要有《铁路隧道设计规范》（TB 10003—2005）和《锚杆喷射混凝土支护技术规范》（GB 50086—2001）等，应用范围较广；另一类是综合各类因素人为打分的定量分级方法，主要有《工程岩体分级标准》（GB 50218—94）和《公路隧道设计规范》（JTG D 70—2004）等，这种方法便于操作，适用于缺乏经验的一般技术人员，但也存在一些问题。

本章将提出岩质地下工程围岩分级标准，将定性与定量两种方法结合，一方面按岩体定性分级标准确定岩体质量指标，另一方面量化打分。如文献［188］中提出的修正分级方法，该方法保留了定性分级的优点；同时采用定量打分的标准使围岩分级更适应实际情况。例中，在目前围岩定性分级中，将坚硬岩和较完整岩体组合划为二级；而将较坚硬岩与较完整岩体组合划为三级，而实际上岩质较好的较坚硬岩与较完整岩体也可划为二级，并不是简单地都划为三级。采用本章的方法就可以灵活地考虑这点。

地铁工程由区间隧道和地铁车站组成，因而应区分区间隧道围岩和地铁车站围岩，两者跨度相差很大，区间隧道跨度都在 10m 以内，而车站跨度在 20～30m。从理论分析和实际经验来看，围岩的稳定性和跨度有关，因此在围岩分级中必须考虑跨度的影响，而当今围岩分级中并未考虑跨度。

文献［188］提出的改进隧道围岩分级的建议，包含围岩稳定性与隧道跨度相关，围岩自稳能力判断标准的量化和各级围岩力学参数的修正等。

本章将在上述基础上进一步改进与完善，给出适用于地铁工程的围岩分级标准，主要从如下四方面进行改进：一是对定性特征分级和定量 BQ 值作适当的修改，达到定性分级和定量分级协调一致；二是考虑跨度对围岩分级的影响，结合地铁工程特点，提出区间隧道和车站隧道亚级及其相应 BQ 值；三是考虑自稳能力判断标准的量化，增加了基本稳定～不稳定、不稳定～极不稳定的自稳标准；四是按各级围岩稳定安全系数反算得到围岩力学参数，对规范提供的围岩参数作相应的修改。

8.1 现有围岩分级分析

8.1.1 岩体基本质量分级

《工程岩体分级标准》（GB 50218—94）和《公路隧道设计规范》（JTG D 70—2004）中提出了围岩基本质量指标 BQ 值分级的方法，其思路和做法是很好的，在本次分级标准设想中将要继承，但有些做法还可改进，其中之一就是按岩体基本质量的定性特征分级应与岩体基本质量指标（BQ）分级协调一致，不能差异很大。

上述分级标准中，根据分级因素定量指标值单轴抗压强度 R_c 及岩体完整性程度 K_v 计算基本质量指标 BQ，具体计算公式为

$$BQ=100+3R_c+250K_v \tag{8.1}$$

式（8.1）中，考虑岩块强度与岩体完整程度的影响大致相当，与一般的经验看法基本一致，为了避免当岩体破碎时取过高的 R_c 值，以及当岩块的 R_c 很低时取过高的 K_v 值。其限值公式如下：

（1）当 $R_c>90K_v+30$ 时，将 $R_c=90K_v+30$ 和 K_v 代入，计算 BQ 值。

（2）当 $K_v>0.04R_c+0.4$ 时，将 $K_v=0.04R_c+0.4$ 和 R_c 代入，计算 BQ 值。

为了考察岩体基本质量定性特征与定量指标 BQ 值是否一致，按定性特征分级标准计算 BQ 值，发现该值与规范中基本质量指标 BQ 的界限值有较大的差距，以致最终无法确定分级。表 8.1 中列出了按定性特征计算的 BQ 值与规范规定的 BQ 值指标。

表 8.1　　　　　　　　　　不同围岩级别定性特征的 BQ 计算

级　别	围岩或土体主要定性特征	规范 BQ 值	围岩 BQ 值计算分级					
			R_c/MPa	坚硬程度	K_v	完整程度	计算 BQ 值	分级
Ⅰ	坚硬岩，岩体完整	＞550	61	坚硬岩	0.76	完整	463	Ⅱ
Ⅱ	坚硬岩，岩体较完整	550～451	61	坚硬岩	0.56	较完整	413	Ⅲ
	较坚硬岩，岩体完整		31	较坚硬岩	0.76	完整	373	Ⅲ
Ⅲ	坚硬岩，岩体较破碎	450～351	61	坚硬岩	0.36	较破碎	363	Ⅲ
	较坚硬岩，岩体较完整		31	较坚硬岩	0.56	较完整	323	Ⅳ
	较软岩，岩体完整		16	较软岩	0.76	完整	328	Ⅳ

续表

级　别	围岩或土体主要定性特征	规范 BQ 值	围岩 BQ 值计算分级					
			R_c/MPa	坚硬程度	K_v	完整程度	计算 BQ 值	分级
IV	坚硬岩，岩体破碎	350～251	44	坚硬岩	0.16	破碎	263	IV
	较坚硬岩，岩体较破碎		31	较坚硬岩	0.36	较破碎	228	V
	较坚硬岩，岩体破碎		31	较坚硬岩	0.16	破碎	223	V
	较软岩，岩体较完整		16	较软岩	0.56	较完整	278	IV
	较软岩，岩体较破碎		16	较软岩	0.36	较破碎	228	V
	软岩，岩体完整		6	软岩	0.64	完整	255	IV
	软岩，岩体较完整		6	软岩	0.56	较完整	248	V
V	较软岩，岩体破碎	≤250	16	较软岩	0.16	破碎	178	V
	软岩，岩体较破碎		6	软岩	0.36	较破碎	198	V
	软岩，岩体破碎		6	软岩	0.16	破碎	148	V

　　从表 8.1 中的计算结果可以看出，按规范不同围岩级别的定性特征分级与 BQ 值分级存在较大的差异。Ⅰ级、Ⅱ级、Ⅲ级围岩，除坚硬岩和岩体较破碎外，其余按定性特征计算 BQ 值分级较按规范 BQ 值降低一级。同样，部分Ⅳ级围岩降为Ⅴ级，表明按规范分级过于严格，必然会导致工程浪费。因而有必要将各级围岩的 BQ 界限值进行适当的调整，使定性分级和定量分级协调一致。

　　然而完全按定性特征分级也存在一定问题，例如Ⅱ级围岩分级按定性特征分析要求坚硬岩而岩体较完整，或较坚硬岩而岩体完整，但将一些较坚硬岩和较完整的岩体，如 R_c 为 59MPa 和 K_v 为 0.74 的良好岩体会被划为Ⅲ级（一般岩体），这显然是不符合实际的，若按 BQ 值定量分级就能弥补这一缺陷。可见，也有必要对规范中围岩的定性特征分级进行适当的调整。

8.1.2　跨度对岩体自稳能力与分级的影响

　　《工程岩体分级标准》（GB 50218—94）中列出了各级围岩中不同跨度下地下工程岩体的自稳能力，表明岩体的自稳能力主要与岩体成洞后的稳定性以及稳定的时间有关，但后者在实际工程中难以操作，且自稳能力评价中缺乏量化的指标。每级围岩的稳定性都与地下工程跨度有关，表明围岩的自稳能力不仅取决于岩体质量，还与跨度有关，这显然是符合实际的。然而在围岩分级表中没有体现跨度的影响，仅给出一种 BQ 值，没有说明这种 BQ 值对应何种跨度，更没有给出跨度与 BQ 的关系。不论跨度多大，都采用一个 BQ 值，必然会使小跨度地下工程偏于安全，而大跨度地下工程偏于危险。因而有必要在围岩分级中设置亚级，对不同跨度设置不同的 BQ 界限值。例如，地铁工程通常由区间隧道和地铁车站组成，两者跨度相差很大，区间隧道跨度都在 10m 以内，而车站跨度一般在 20～25m 之间，少数车站超出 25m，因而围岩分级中需要区分区间隧道围岩和地铁车站围岩，并给出两类围岩相应的 BQ 值，从而更真实地反映各级围岩的稳定性情况。

8.2 岩质地下工程围岩分级方法研究

8.2.1 岩体基本质量的定性特征改进

围岩分级中应尽量实现定性特征和定量标准的一致，同时还要发挥定量分级的优势，避免定性分级的缺陷。为此，对定性特征的表述做出适当的改进和调整，增加了满足本级 BQ 值的岩石坚硬程度与岩体完整程度的各种组合，如表 8.2 所示。

表 8.2 岩质地铁工程围岩分级表

级 别	围岩主要定性特征	基本质量指标 BQ 值	
		车站隧道	区间隧道
I	坚硬岩，岩体完整	＞455	＞425
II	坚硬岩，岩体较完整；较坚硬岩，岩体完整；满足本级 BQ 值的岩石坚硬程度与岩体完整程度各种组合，如岩质良好的较坚硬岩和较完整岩层	455～395	425～365
III	坚硬岩，岩体较破碎；较坚硬岩，岩体较完整；较软岩，岩体完整；满足本级 BQ 值的岩石坚硬程度与岩体完整程度各种组合，如岩质良好的坚硬岩和岩体破碎；较坚硬岩和岩体较破碎；较软岩和岩体较完整；软岩和岩体完整	395～340	365～310
IV	坚硬岩，岩体破碎；较坚硬岩，岩体较破碎～破碎；较软岩，岩体较完整～较破碎；软岩，岩体完整～较完整；满足本级 BQ 值的岩石坚硬程度与岩体完整程度各种组合，如岩质良好的较软岩和岩体破碎；软岩和岩体较破碎	340～285	310～250
V	较软岩，岩体破碎；软岩，岩体较破碎；软岩，岩体破碎；未达到 BQ 值（250）的较坚硬岩和岩体破碎、较软岩和岩体较破碎、软岩和岩体较完整；全部极软岩与全部极破碎岩	≤280	≤250

8.2.2 岩体基本质量指标 BQ 的改进

鉴于岩体基本质量指标取决于岩石坚硬程度和岩石完整程度的组合，单独一项不能起决定性作用，如岩块强度 R_c 指标，过高的岩块强度在分级过程中并无实际意义，不能准确地表征岩体的强度，反而会影响围岩的分级打分。因而建议坚硬岩分界指标定为 50MPa（相当于 C50 混凝土强度），大于 50MPa 时按 50MPa 计算，遵守 $R_c = 90K_v + 30$ 的规定。

依据围岩定性特征分级与 BQ 值分级基本一致的原则，结合上述规定，对各级围岩 BQ 值进行改进，如表 8.2 所示。

8.2.3 岩质围岩亚级分类与自稳能力判断

围岩的稳定性不仅取决于岩体质量，还与地下工程洞形、跨度等有关。围岩的破坏形式分为整体破坏与块体破坏，前者影响围岩的整体稳定性而后者影响围岩的块体稳定性。

王明年等通过离散元对岩石块体进行力学分析，提出每一分级中细分不同自稳跨度的亚级，但其更多地反映的是围岩的块体稳定能力，即个别块体的掉块和小塌方，并不能完全反映围岩的整体稳定性。《地下工程围岩稳定分析与设计理论》也明确提出在隧道Ⅲ级、Ⅳ级围岩自稳能力判断中考虑跨度的影响，但没有全面考虑各级围岩自稳能力的降低，也没有考虑不同跨度时的 BQ 值变化。

以地铁某车站为例，结构高跨比 0.9，埋深 30m。围岩参数选用Ⅲ级，弹性模量 10GPa，泊松比 0.3，重度 25kN/m³，黏聚力 0.3MPa，内摩擦角 30°。25m 跨度的数值模型图如图 8.1 所示。

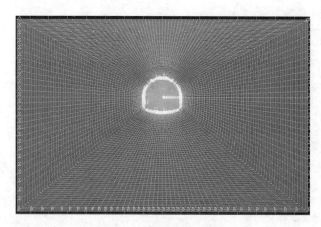

图 8.1　计算模型示意图

当高跨比基本不变时，通过改变跨度，得到不同跨度下围岩的安全系数，如表 8.3 所示。

表 8.3　　　　　　　　　　　　　　　不同跨度下围岩安全系数

跨 度/m	10	15	20	25	30
安全系数	2.85	2.30	1.97	1.75	1.59

从表 8.3 中来看，跨度 10m 时毛洞围岩安全系数为 2.85，显然围岩是稳定的，由表 8.4 可以判断属于Ⅱ级围岩；当跨度为 25m 时，安全系数降为 1.75，为Ⅲ级围岩，属于基本稳定。可见可由围岩级别与跨度有关，因而可由围岩级别和跨度共同确定 BQ 值。

在《工程岩体分级标准》对地下工程岩体自稳能力的描述中，已经明确提出围岩稳定性与跨度有关，但没有在围岩分级表中考虑跨度的影响，也没有给出不同跨度时的岩体基本质量 BQ 值，因而还需要在围岩分级中划分亚级，提出不同跨度下围岩基本质量指标 BQ 值，如表 8.2 所示。目前国内许多规范中，都没有考虑跨度的影响，围岩的自稳性大致以 10m 跨度左右的隧道为标准。因而本围岩分级中对于跨度小于 10m 的区间隧道，采用上述围岩 BQ 分界值；而对于跨度 20～25m 的车站隧道，应随跨度增大而增大 BQ 值，以考虑跨度增大导致的围岩稳定性降低的影响。

依据工程经验和相关计算结果，地铁车站大跨度隧洞稳定性要比一般跨度的区间隧道稳定性降低半级至一级，将跨度作为 BQ 界限值的参数，规定跨度大于 10m 时，跨度每增加 1m，BQ 界限值增加 2 分，跨度由 10m 增加到 25m 时，BQ 值增加 30 分。例如跨度 10m 的 V 级围岩计算 BQ 值为 250 分，而当跨度增至 25m 时，计算 BQ 界限值将增至 280 分，见表 8.2。

基于以往规范中依据经验定性判断围岩的自稳能力，《地下工程围岩稳定分析与设计理论》一书中明确提出在隧道各级围岩自稳能力判断中应考虑跨度的影响，并引入围岩毛洞安全系数的量化指标，给出各级围岩自稳能力对应的安全系数范围。本规范在此基础上再加以完善，表 8.4 给出岩石地铁工程的围岩自稳能力定性与定量的判断标准，还在围岩很稳定、稳定、基本稳定、不稳定、极不稳定的基础上，在 III 级、IV 级围岩中对车站隧道增加了基本稳定～不稳定、不稳定～极不稳定的围岩自稳能力的判断标准，有利于岩质地铁工程分级的精确化。

表 8.4 岩质地铁工程围岩自稳能力

级 别	安全系数	自 稳 能 力
I	>3.5	车站隧道（跨度 20～25m），很稳定，偶有掉块，无塌方
II	>2.4	区间隧道（跨度 10m 以内），很稳定，偶有掉块，无塌方；车站隧道，稳定，局部可发生掉块，无塌方
III	区间>1.5 车站>1.25	区间隧道，基本稳定，可发生局部块体掉块，偶有小塌方。车站隧道，基本稳定～不稳定，可发生局部块体掉落及小塌方，偶有中塌方
IV	区间>1.0 车站>0.75	区间隧道，不稳定，数日至 1 月内可发生松动变形、小塌方，进而发展中～大塌方。车站隧道，不稳定～极不稳定，无自稳能力
V	区间<1.0 车站<0.75	区间隧道，极不稳定，跨度≤5m，可稳定数小时～数日；车站隧道，极不稳定，无自稳能力

8.2.4 岩质围岩物理力学参数

围岩力学参数是计算的基本依据，但难以进行试验确定，通常用边长 0.5～1.0m 的立方体做现场试验，依然难以表达岩体的实际力学性质，因此岩体力学参数一般依据专家经验来确定。20 世纪 80 年代一些专家提出的各级围岩的经验数据至今仍被国内各种规范所采用，但缺少充分的依据，需要尽量细化和改进，使其更接近客观实际。

《地下工程围岩稳定分析与设计理论》一书中依据各级围岩设定的稳定性，建立相应的稳定安全系数定量指标，并据此反推出各级围岩岩体的强度参数，从而对现行各级围岩强度参数值进行适当修正，使其更能反映实际状况，避免了由于参数选用不准而使计算出来的围岩稳定性与实际围岩稳定性不符的情况。考虑到 III 级、IV 级围岩强度参数变化范围太大，需要进一步细化，将 III 级、IV 级围岩力学参数再细分为 III_1 级、III_2 级、IV_1 级、IV_2 级，使分级更为科学合理。但应当注意选用的 III 级、IV 级围岩强度参数，岩体质量越高，参数越大，III_1 级、IV_1 级围岩岩体质量均高于 III_2 级、IV_2 级。

本文采用与上述书中相同的方法，按表 8.4 建议的各级围岩毛洞安全系数值，反推出可以应用于岩石地铁工程不同级别围岩的强度参数，用于岩石地铁工程相关的设计与施工验算，具体见表 8.5。

表 8.5　　　　　　　　　　　　岩质地铁工程围岩物理力学参数

围岩类别		弹性模量/GPa	泊松比	重度/(kN/m³)	内摩擦角/(°)	黏聚力/MPa
Ⅰ		33	0.20	26～28	>50	>2.1
Ⅱ		16～33	0.20～0.25	25～27	37～50	1.3～2.1
Ⅲ	Ⅲ₁	6～16	0.25～0.3	24～26	34～37	0.8～1.3
	Ⅲ₂	6～16	0.25～0.3	24～26	32～34	0.3～0.8
Ⅳ	Ⅳ₁	1.3～6	0.3～0.35	23～24	29～32	0.2～0.3
	Ⅳ₂	1.3～6	0.3～0.35	23～24	27～29	0.1～0.2
Ⅴ		<1.3	>0.35	22～23	<27	<0.1

　　岩质地铁工程围岩分级过程中，地下水、软弱结构面与结构面的不利组合等因素的影响不计入围岩基本质量指标打分，若采用打分的方法会增加围岩分级打分的难度，不利于工程人员的使用。因此，可通过降级处理体现其影响，具体做法与《地下工程围岩稳定分析与设计理论》中相同。同时地铁工程的埋深不大，分级中不考虑高初始地应力的影响。

8.3　重庆地铁 1# 与 6# 围岩实例调查分析

　　依据重庆勘察院提供的轨道 1# 线与 6# 线的调研与统计资料，对围岩参数与分级进行详细统计分析。

8.3.1　围岩参数统计分析

　　1. 1# 砂岩参数统计

　　(1) 重度。共 47 个数据，27kN/m³ 以上 1 个，25～26kN/m³ 30 个，24～25kN/m³ 16 个，平均为 24.63kN/m³。

　　(2) 抗压强度。共 47 个数据，最高为 37.69MPa。30MPa 以上 21 个，15～30MPa 为 24 个，5～10MPa 1 个，5MPa 以下 1 个，平均为 28.14MPa。

　　(3) 内摩擦角。共 47 个数据，最高为 49.24°，最低为 38.7°（朝天门站），40°以上 46 个，40°以下 1 个，平均为 45.29°。

　　(4) 黏聚力。共 47 个数据，最高为 8.56MPa，最低为 1.92MPa（鹅岭站），5MPa 以上 35 个，3～5MPa 为 9 个，3MPa 以下 3 个，平均为 6.20MPa。

　　(5) 泊松比。共 45 个数据，最高为 0.32，最低为 0.07，0.2 以上 10 个，0.1～0.2 31 个，0.1 以下 4 个，平均为 0.14。

　　(6) 变形模量。共 40 个数据，最高为 7443MPa，最低为 2822MPa，4000MPa 以上 33 个，4000MPa 以下 7 个，平均为 4422.45MPa。

　　(7) 弹性模量。共 45 个数据，最高为 8707MPa，最低为 1837MPa，4000MPa 以上

38 个，4000MPa 以下 7 个，平均为 5251.02MPa。

（8）波速。共 47 个数据，最高为 3850m/s，最低为 2315m/s，3000m/s 以上 21 个，2500～3000m/s 为 25 个，2500m/s 以下 1 个，平均为 3082.5m/s。

（9）完整系数。共 47 个数据，最高为 0.755，最低为 0.61，0.7 以上 29 个，0.65～0.7 11 个，0.65 以下 7 个，平均为 0.68。

2. 1# 砂质泥岩参数统计

（1）重度。共 53 个数据，最高为 27.6kN/m³，最低为 25.5kN/m³，27kN/m³ 以上 1 个，26～27kN/m³ 7 个，25～26kN/m³ 45 个，平均为 25.81kN/m³。

（2）抗压强度。共 53 个数据，最高为 14.8MPa，最低为 1.37MPa（朝天门站），10MPa 以上 30 个，7～10MPa 16 个，5～7MPa 3 个，5MPa 以下 4 个，平均为 10.54MPa。

（3）内摩擦角。共 53 个数据，最高为 42.9°，最低为 34.4°，40° 以上 2 个，35°～40° 50 个，35° 以下 1 个，平均为 38.12°。

（4）黏聚力。共 53 个数据，最高为 5.1MPa，最低为 1.35MPa，3MPa 以上 35 个，3MPa 以下 18 个，平均为 3.50MPa。

（5）泊松比。共 51 个数据，最高为 0.39，最低为 0.29，0.35 以上 46 个，0.3～0.35 4 个，0.3 以下 1 个，平均为 0.36。

（6）变形模量。共 40 个数据，最高为 7443MPa，最低为 2822MPa，4000MPa 以上 33 个，4000MPa 以下 7 个，平均为 2965.39MPa。

（7）弹性模量。共 51 个数据，最高为 4614MPa，最低为 911MPa，4000MPa 以上 4 个，3000～4000MPa 23 个，2000～3000MPa 16 个，2000MPa 以下 8 个，平均为 3234.00MPa。

（8）波速。共 53 个数据，最高为 4347m/s，最低为 2121m/s，4000m/s 以上 1 个，3000～4000m/s 2 个（取小值），2500～3000m/s 41 个，2500m/s 以下 9 个，平均为 3234.00m/s。

（9）完整系数。共 53 个数据，最高为 0.74，最低为 0.625，0.7 以上 17 个，0.65～0.7 28 个，0.65 以下 8 个，平均为 0.68。

3. 6# 砂岩参数统计

（1）重度。共 21 个数据，最高为 25.4kN/m³，最低为 24.4kN/m³，25kN/m³ 以上 9 个，24～25kN/m³ 12 个，平均为 24.94kN/m³。

（2）抗压强度。共 22 个数据，最高为 32.6MPa，最低为 6.44MPa，30MPa 以上 6 个，20～30MPa 13 个，15～20MPa 2 个，5～10MPa 1 个，平均为 26.52MPa。

（3）内摩擦角。共 22 个数据，最高为 51.8°，最低为 37.8°，50° 以上 1 个，40～50° 20 个，40° 以下 1 个，平均为 45.91°。

（4）黏聚力。共 22 个数据，最高为 8.5MPa，最低为 1.73MPa，5MPa 以上 19 个，3～5MPa 1 个，3MPa 以下 2 个，平均为 6.38MPa。

（5）泊松比。共 21 个数据，最高为 0.29，最低为 0.07，0.2 以上 2 个，0.1～0.2 17 个，0.1 以下 2 个，平均为 0.13。

（6）变形模量。共 17 个数据，最高为 7154MPa，最低为 1077MPa，4000MPa 以上 14 个，4000MPa 以下 3 个，平均为 4606.00MPa。

（7）弹性模量。共 20 个数据，最高为 8461MPa，最低为 1275MPa，4000MPa 以上 17 个，4000MPa 以下 3 个，平均为 5699.05MPa。

（8）波速。共 21 个数据，最高为 3797m/s，最低为 2625m/s，3000m/s 以上 16 个，2500~3000m/s 5 个，平均为 3880.03m/s。

（9）完整系数。共 21 个数据，最高为 0.765，最低为 0.66，0.7 以上 17 个，0.65~0.7 4 个，平均为 0.71。

4. 6$^{\#}$砂质泥岩参数统计

（1）重度。共 22 个数据，最高为 25.9kN/m³，最低为 25.5kN/m³，25~26kN/m³ 22 个，平均为 25.62kN/m³。

（2）抗压强度。共 22 个数据，最高为 15.9MPa，最低为 5.1MPa，10MPa 以上 5 个，7~10MPa 7 个，5~7MPa 10 个，平均为 8.05MPa。

（3）内摩擦角。共 22 个数据，最高为 39°，最低为 34.1°，35~40°20 个，35°以下 2 个，平均为 36.82°。

（4）黏聚力。共 22 个数据，最高为 5.2MPa，最低为 1.33MPa，3MPa 以上 5 个，3MPa 以下 17 个，平均为 2.61MPa。

（5）泊松比。共 22 个数据，最高为 0.39，最低为 0.33，0.35 以上 19 个，0.3~0.35 3 个，平均为 0.36。

（6）变形模量。共 19 个数据，最高为 2720MPa，最低为 1080MPa，2000MPa 以上 5 个，2000MPa 以下 14 个，平均为 1788.84MPa。

（7）弹性模量。共 22 个数据，最高为 4218MPa，最低为 1406MPa，4000MPa 以上 1 个，3000~4000MPa 4 个，2000~3000MPa 9 个，2000MPa 以下 8 个，平均为 2403.32MPa。

（8）波速。共 21 个数据，最高为 3700m/s，最低为 2514m/s，3000m/s 以上 10 个（取小值），2500~3000m/s 11 个，平均为 3107m/s。

（9）完整系数。共 21 个数据，最高为 0.75，最低为 0.675，0.7 以上 11 个，0.65~0.7 10 个，平均为 0.70。

将上述 1$^{\#}$线与 6$^{\#}$线砂岩与砂质泥岩围岩参数平均值列入表 8.6。

表 8.6　　　　围 岩 参 数 平 均 值

参　　数	砂　岩		砂 质 泥 岩	
	1$^{\#}$	6$^{\#}$	1$^{\#}$	6$^{\#}$
重度/(kN/m³)	24.63	24.94	25.81	25.62
抗压强度/MPa	28.14	26.52	10.54	8.05
内摩擦角/(°)	45.29	45.91	38.12	36.82
黏聚力/MPa	6.20	6.38	3.50	2.61
泊松比	0.14	0.13	0.36	0.36

参　　数	砂　　岩		砂　质　泥　岩	
	1#	6#	1#	6#
变形模量/MPa	4422	4606	2965	1788
弹性模量/MPa	5251	5699	3234	2403
波速/(m/s)	3082	3880	3234	3107
完整系数	0.68	0.71	0.68	0.70

从表 8.6 来看，1# 线与 6# 线围岩参数都比较接近，表明统计结果具有一定代表性。重庆市中心区域以砂岩与砂质泥岩（包括页岩）为主。砂岩强度较高，一般属于较坚硬岩与坚硬岩；砂质泥岩强度较低，一般属于软岩。砂岩的黏聚力与内摩擦角一般都要高于砂质泥岩。无论是砂岩还是砂质泥岩，岩体的完整性都较好，完整系数一般属于较完整岩体。岩体的波速能显示岩体的整体质量，重庆市围岩波速一般在 2500～4000m/s 之间，砂岩的波速稍高于砂质泥岩的波速，属于中等质量。这是因为岩体强度较低，而整体性较好。

岩体的黏聚力与内摩擦角无法进行测试，在重庆通常采用经验值。例如，将砂岩岩块强度降低 5～7 倍，砂质泥岩岩块强度降低 4～6 倍作为岩体强度，强度高的岩体降低的倍数还要增大，但这只是一种经验，仅供参考。

8.3.2　围岩分级统计分析

1# 线共 64 个工程数据，统计 61 个数据。实际工程围岩分级情况：共 78 个数据，其中Ⅲ级围岩 10 个，占总数 12.8%；Ⅳ级围岩 53 个，占总数 70%；Ⅴ级围岩 15 个，占总数 19.2%。

6# 线共 29 个工程数据，统计 21 个。实际工程围岩分级采用情况：共 45 个数据，其中Ⅲ级围岩 2 个，占总数的 4.44%；Ⅳ级围岩 35 个，占总数的 77.78%；Ⅴ级围岩 8 个，占总数的 17.78%。

1. 1# 砂岩分级统计

（1）区间隧洞跨度 10m。

按国家标准划分：BQ 共 47 个数据，最高为 393 分，最低为 267 分。351 分以上（Ⅲ级）22 个，占总数的 46.8%；251～351 分（Ⅳ级）25 个，占总数的 53.2%。

按改进标准划分：365 分以上（Ⅱ级）11 个，占总数的 23.4%；310～365 分（Ⅲ级）34 个，占总数的 72.3%；250～310 分（Ⅳ级）2 个，占总数的 4.3%。

（2）车站隧洞跨度 25m（适用于 20～30m）。

按国家标准划分：BQ 共 47 个数据，381 分以上（Ⅲ级）1 个，占总数的 2.1%；281～381 分（Ⅳ级）44 个，占总数的 93.6%；281 分以下（Ⅴ级）2 个，占总数的 4.3%。

按改进标准划分：340～395 分（Ⅲ级）38 个，占总数的 80.9%；285～340 分

（Ⅳ级）7个，占总数的14.9%；280分以下（Ⅴ级）2个，占总数的4.2%。

2. 1#砂质泥岩分级统计

（1）区间隧洞跨度10m。

按国家标准分：BQ共53个数据，最高为308.25分，最低为259.11分。251～351分（Ⅳ级）53个，占总数的100%。

按改进标准分：310～365分（Ⅲ级）17个，占总数的32.1%；250～310分（Ⅳ级）36个，占总数的67.9%。

（2）车站隧洞跨度25m（适用于20～30m）。

按国家标准分：BQ共53个数据，281～381分（Ⅳ级）40个，占总数的75.5%；281分（Ⅴ级）以下13个，占总数的24.5%。

按改进标准分：280～340分（Ⅳ级）39个，占总数的73.6%；280分（Ⅴ级）以下14个，占总数的26.4%。

3. 6#砂岩分级统计

（1）区间隧洞跨度10m以下。

按国家标准划分：BQ共22个数据，最高为375.75分，最低为168分。351分以上（Ⅲ级）10个，占总数的45.45%；251～351分（Ⅳ级）11个，占总数的50%；251分以下（Ⅴ级）1个，占总数的4.55%。

按改进标准划分：365分以上（Ⅱ级）3个，占总数的13.63%；310～365分（Ⅲ级）17个，占总数的77.27%；250～310分（Ⅳ级）1个，占总数的4.55%；250分以下（Ⅴ级）1个，占总数的4.55%。

（2）车站隧洞跨度25m（适用于20～30m）。

按国家标准划分：BQ共22个数据，281～381分（Ⅳ级）21个，占总数的95.45%；281分以下（Ⅴ级）1个，占总数的4.55%。

按改进标准划分：340～395分（Ⅲ级）17个，占总数的77.27%；280～340分（Ⅳ级）4个，占总数的18.18%；280分以下（Ⅴ级）1个，占总数的4.55%。

4. 6#砂质泥岩分级统计

（1）区间隧洞跨度10m以下。

按国家标准划分：BQ共22个数据，最高为311.45分，最低为108分。251～351分（Ⅳ级）21个，占总数的95.45%；250分以下（Ⅴ级）1个，占总数的4.55%。

按改进标准划分：310～365分（Ⅲ级）1个，占总数的4.55%；250～310分（Ⅳ级）20个，占总数的90.90%；250分以下（Ⅴ级）1个，占总数的4.55%。

（2）车站隧洞跨度25m（适用于20～30m）。

按国家标准划分：281～381分（Ⅳ级）16个，占总数的72.73%；281分以下（Ⅴ级）6个，占总数的27.27%。

按改进标准划分：280～340分（Ⅳ级）16个，占总数的72.73%；280分以下（Ⅴ级）6个，占总数的27.27%。

将上述1#线与6#线区间隧道砂岩与砂质泥岩围岩分级统计数据列入表8.7。

表 8.7 　　　　　　　　　　区间隧道各级围岩所占的比例 　　　　　　　　　　%

标　准	围岩等级	砂　岩		砂质泥岩	
		1#	6#	1#	6#
国家标准	Ⅲ	46.8	45.45	—	—
	Ⅳ	53.2	50	100	95.45
	Ⅴ	—	4.5	—	4.55
改进标准	Ⅱ	23.4	13.63	—	—
	Ⅲ	72.3	77.27	32.1	4.55
	Ⅳ	4.3	4.55	67.9	90.9
	Ⅴ	—	4.55	—	4.55

从表 8.7 中可看出，1# 线区间隧道砂岩，按国家标准分级，Ⅲ级围岩占 46.8%，Ⅳ级围岩占 53.2%，Ⅲ级、Ⅳ级各占一半；按建议标准分级，Ⅱ级围岩占 23.4%，Ⅲ级围岩占 72.3%，Ⅳ级围岩占 4.3%，Ⅱ级、Ⅲ级共占 95%，Ⅳ级占 5%，基本上为Ⅲ级以上，Ⅳ级围岩都提升一级。

6# 线区间隧道砂岩，按国家标准分级，Ⅲ级围岩占 45.45%，Ⅳ级围岩占 50%，Ⅴ级围岩占 4.55%，基本上Ⅲ级、Ⅳ级围岩各一半；按建议标准分级，Ⅱ级围岩占 13.63%，Ⅲ级围岩占 77.27%，Ⅳ级围岩占 4.55%，Ⅴ级围岩占 4.55%，基本上为Ⅱ级、Ⅲ级围岩。

1# 线区间隧道砂质泥岩，按国家标准分级，Ⅳ级围岩占 100%；按建议标准分级，Ⅲ级围岩占 32.1%，Ⅳ级围岩占 67.9%，有 1/3 的Ⅳ级围岩升为Ⅲ级围岩。

而 6# 线区间隧道砂质泥岩，按国家标准分级，Ⅳ级围岩占 95.45%，Ⅴ级围岩占 4.55%，基本上为Ⅳ级围岩；按建议标准分级，Ⅲ级围岩占 4.55%，Ⅳ级围岩占 90.90%，Ⅴ级围岩占 4.55%，基本上为Ⅳ级围岩。

将上述 1# 线与 6# 线地铁车站砂岩与砂质泥岩围岩分级统计数据列入表 8.8。

表 8.8 　　　　　　　　　　地铁车站各级围岩所占的比例 　　　　　　　　　　%

标　准	围岩等级	砂　岩		砂　质　泥　岩	
		1#	6#	1#	6#
国家标准	Ⅲ	2.1	—	—	—
	Ⅳ	93.6	95.45	75.5	72.73
	Ⅴ	4.3	4.55	24.5	27.27
改进标准	Ⅲ	80.9	77.27	—	—
	Ⅳ	14.9	18.18	75.5	72.73
	Ⅴ	4.2	4.55	24.5	27.27

从表 8.8 中可看出，1# 线地铁车站砂岩，按国家标准分级，Ⅲ级围岩占 2.1%，Ⅳ级围岩占 93.6%，Ⅴ级围岩占 4.3%，基本上是Ⅳ级围岩；按建议标准分级，Ⅲ级围岩占 80.9%，Ⅳ级围岩占 14.9%，Ⅴ级围岩占 4.2%，80% 的Ⅳ级围岩升为Ⅲ级围岩。

6#线地铁车站砂岩，按国家标准分级，Ⅳ级围岩占95.45%，Ⅴ级围岩占4.55%，基本上为Ⅳ级围岩；按建议标准分级，Ⅲ级围岩占77.27%，Ⅳ级围岩占18.18%，Ⅴ级围岩占4.55%，3/4的Ⅳ级围岩上升为Ⅲ级围岩。

1#线地铁车站砂质泥岩，按国家标准分级，Ⅳ级围岩占75.5%，Ⅴ级围岩占24.5%；按建议标准分级，Ⅳ级围岩占75.5%，Ⅴ级围岩占24.5%。

6#线地铁车站砂质泥岩，按国家标准分级，Ⅳ级围岩占72.73%，Ⅴ级围岩占27.27%，Ⅳ级围岩占2/3；按建议标准分级，Ⅳ级围岩占72.73%，Ⅴ级围岩占27.27%，Ⅳ级围岩占2/3。

通过上述分析可以看出，按建议标准得出的区间隧道和地铁车站围岩级别状况会高于按国家标准得出的相应值，足以满足工程围岩稳定性要求。

8.4　小　　结

(1) 对定性特征分级和定量 BQ 值作适当的修改，达到定性分级和定量分级协调一致；考虑跨度对围岩分级的影响，结合地铁工程特点，提出区间隧道和车站隧道亚级及其相应 BQ 值；考虑自稳能力判断标准的量化，增加了基本稳定～不稳定，不稳定～极不稳定的自稳标准；按各级围岩稳定安全系数反算得到围岩力学参数，对规范提供的围岩参数作相应的修改。

(2) 以重庆地铁为例，对岩石地铁工程进行围岩分级和围岩力学参数的统计分析，表明改进标准得到的围岩级别高于国家标准，更适用于工程实际。

第9章 岩质地下工程围岩支护设计计算方法研究

隧洞围岩稳定性分析是地下工程设计计算方法的前提。隧洞工程设计计算方法经历工程类比法、荷载—结构法、地层—结构法以及基于极限分析的地层—结构法等阶段。岩土弹塑性理论和数值计算方法的发展，尤其是有限元强度折减法等数值极限分析法的发展，使获得地下工程围岩的稳定安全系数成为可能，从而使围岩稳定性分析进入隧洞设计的实用阶段。本文在应用数值极限分析方法的基础上，开展地铁工程设计计算方法的应用研究，其中包括计算参数的确定（如第7章围岩力学参数）、初衬混凝土剪切强度参数计算、围岩应力释放系数计算、应力释放下的围岩稳定安全系数计算以及深浅埋分界标准、初衬和二衬的计算过程与设计安全系数的确定等。最后以地铁车站为例，给出设计计算结果。

9.1 初衬混凝土抗剪强度

混凝土作为使用量最大、使用范围最广的工程材料，在建筑、水利、交通和国防等领域中广泛应用。在建筑力学与工程中，混凝土按受力分为拉、压、弯曲等破坏形式，《混凝土结构设计规范》（GB 50010—2010）中提供了相应的抗拉、抗压、抗折等强度。但在广泛使用的弹塑性力学中，固体材料的破坏只有拉破坏和剪切破坏，因此需要提供材料的抗拉和抗剪强度。目前在一些工程中，如水利工程、石油工程、岩土工程和隧道工程，某些情况下混凝土主要处于塑性状态，例如，地下工程与隧道工程中采用复合支护，初衬采用无配筋的喷射混凝土，施工中围岩与初衬混凝土均会产生很大的变形。对软弱岩体和土体，初衬完成后还需预留10cm左右的变形量，表明初衬混凝土必然会进入塑性状态。因而需要按弹塑性理论来分析混凝土的承载能力与破坏状态。依据力学观点，混凝土属于岩土类摩擦材料，不仅具有黏聚力还具有摩擦力，其抗剪强度需要按黏聚力 c 和内摩擦角 φ 值来表示。混凝土作为主要工程材料，掌握其抗剪强度指标十分重要。

由此可见，给出不同强度等级混凝土的抗剪强度（黏聚力 c 与内摩擦角 φ）迫在眉睫。而现有相关规范与标准，并没有给出剪切强度 c、φ 值指标，且至今尚无统一的测定混凝土抗剪强度的标准试验方法。因此，本文效仿岩土材料强度试验，依据现有试验条件提出直剪试验与单轴抗压试验相结合的方法，得到不同强度等级混凝土的 c、φ 值。依据摩尔—库仑强度准则推导出抗压强度与抗剪强度之间存在的理论关系，由此通过理论计算方法和数值分析方法分别验证不同混凝土抗剪强度试验结果的准确性，并通过混凝土抗压强度的标准值和设计值换算出抗剪强度的标准值和设计值。

9.1.1　混凝土剪切试验方法

岩土工程中一般认为三轴试验结果较好，但缺乏适用于混凝土的试验设备，因此，综合现有试验条件，提出将直剪试验与抗压试验相结合的试验方法来进行不同强度等级混凝土剪切试验。首先采用直剪试验确定试件的 c、φ 值；其次采用单轴受压试验获得试件相应莫尔圆，在已知 $\varphi c\varphi$ 值的情况下，通过单轴抗压莫尔圆获得 φ 值，以修正直剪试验的 φ 值，提高结果的准确性。

对试件施加 0MPa、2MPa、4MPa、6MPa、8MPa 法向压力，通过混凝土直剪试验得到混凝土的极限强度曲线。强度曲线近似为一条抛物线，其前面一段（法向应力较低时）近似呈直线，由此可以得到直线段与 y 轴的截距和 x 轴的夹角，即可确定混凝土的 c 与 φ 值，其计算公式为

$$\tau = c + \tan\varphi \tag{9.1}$$

式中：τ 为混凝土在不同法向应力下的剪力；φ 为试验中混凝土试样承受的不同的法向应力。

通过混凝土单轴抗压试验，可以得到混凝土的单轴抗压强度莫尔圆。从混凝土直剪试验得出的 c 值出发作莫尔圆切线，由此得出直剪试验 c 值和单轴抗压莫尔圆相结合的 φ 值。φ 值的计算公式为

$$\tan\varphi = \frac{\sigma_c^2 - 4c^2}{4c\sigma_c} \tag{9.2}$$

式中：c 为混凝土直剪试验得到的黏聚力；σ_c 为混凝土单轴抗压强度。

对比式（9.1）与式（9.2）得到的 φ 值，取两者中较低的 φ 值。

利用上述方法对 C25 强度等级的混凝土试件进行三组以上重复试验，剔除试验结果中非常明显的离散值，对可靠的试验结果进行平均，并对平均值进行分析。直剪试验的法向应力分别为 0MPa、2MPa、4MPa、6MPa、8MPa，强度极限曲线近似为一条抛物线，如图 9.1 所示。回归抛物线公式为 $\tau = -0.1214\sigma^2 + 2.4514\sigma + 3.2286$，在抛物线前面一段（较低法向应力）时，极限强度曲线基本为一条直线。如果在法向应力 0MPa、2MPa、4MPa、6MPa 的剪应力之间作一条直线，如果直线为 c 值点的切线，由此可以确定 C25 混凝土的 c 与 φ 分别为 3.2MPa 与 64.5°左右；如果直线取平均线，由此可以确定 C25 混凝土的 c 与 φ 分别为 3.2MPa 与 61.3°左右。

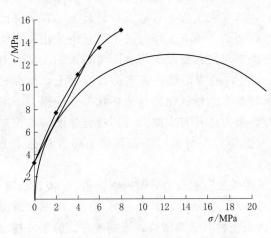

图 9.1　C25 混凝土直剪试验强度极限与
单轴试验极限曲线

由混凝土规范 GB 50010—2010 可知单轴抗压强度，对 C25 混凝土 $\sigma_3 = 0$ MPa，$\sigma_1 = 25$ MPa（取立方体试验名义值），作莫尔圆，如图 9.1 中的圆弧。依据直剪试验结果，c 为 3.2MPa，由 c 点出发向莫尔圆作切线，如图 9.1 中的直线，回归得直线公式为 $\tau = 1.84\sigma + 3.2$，得到 c 与 φ 也分别为 3.2MPa 与 61.3°。

对两种方法得到的 φ 值取小值，由此确定 C25 强度等级混凝土实测的 c 与 φ 分别为 3.2MPa 与 61.3°。

表 9.1 列出了不同强度等级混凝土立方体抗剪强度试验实测值与名义值。

表 9.1   不同强度等级混凝土立方体抗剪强度试验实测值与名义值

混凝土 等级		C20	C25	C30	C35	C40	C45	C50	C55	C60
试验实测值	c/MPa	2.6	3.2	3.9	4.5	5.1	5.6	6.1	6.6	7.2
	φ/(°)	60.1	61.3	61.8	62.2	62.5	62.7	62.9	63.1	63.3
试验名义值	c/MPa	2.6	3.2	3.9	4.4	5.0	5.5	6.0	6.5	7.1
	φ/(°)	61.1	61.4	61.6	61.9	62.2	62.4	62.5	62.8	62.8

表 9.1 中，混凝土强度等级增大，混凝土的抗剪指标 c、φ 也相应增大，且增加值比较均匀，但随强度增大，φ 值逐渐减少。应当指出，本方法是以直剪试验测得的 c 值为依据，不同材料配比情况下可能会影响 c 值，为此进行了第二种配比试验。试验结果表明两者相差无几，进一步说明本方法的合理性。

混凝土材料进入塑性后，材料强度会有所降低，结合实际设计、施工经验，混凝土剪切强度指标在具体工程应用中应留有一定的安全度，暂时规定 c 值取试验值的 2/3，φ 值取试验值的 85% 作为采用设计值，具体结果见表 9.2。

表 9.2   不同强度等级混凝土抗剪强度建议设计值

混凝土 c、φ 值		C20	C25	C30	C35	C40	C45	C50	C55	C60
直剪试验与单轴抗压试验法	c/MPa	1.7	2.1	2.6	3.0	3.5	3.7	4.1	4.3	4.7
	φ/(°)	51.1	52	52.5	53	53	53.3	53.6	53.6	53.7

9.1.2 混凝土剪切强度参数间理论关系

摩擦类材料抗剪强度由黏聚力和摩擦力两部分构成。抗压强度与抗剪强度必然存在相应的力学关系。对于摩擦类材料，依据莫尔—库仑准则，各种应力与 c、φ 值之间必然存在如下关系

$$\sigma_1 = \frac{1+\sin\varphi}{1-\sin\varphi}\sigma_3 + \frac{\cos\varphi}{1-\sin\varphi}2c \tag{9.3}$$

$$\tau = c + \sigma\tan\varphi = \frac{\sigma_1 - \sigma_3}{2}\cos\varphi \tag{9.4}$$

$$\sigma = \frac{\sigma_1 + \sigma_3}{2} - \frac{\sigma_1 - \sigma_3}{2}\sin\varphi \tag{9.5}$$

$$c = \left(\frac{\sigma_1 - \sigma_3}{2} - \frac{\sigma_1 + \sigma_3}{2} \sin\varphi \right) \frac{1}{\cos\varphi} \tag{9.6}$$

混凝土抗压试验为单轴压缩试验，试件处于单向受力状态下，$\sigma_2 = 0$、$\sigma_3 = 0$。对式（9.3）～式（9.6）进行简化得

$$\sigma_1 = \frac{\cos\varphi}{1 - \sin\varphi} 2c \tag{9.7}$$

$$\tau = \frac{\sigma_1}{2} \cos\varphi \tag{9.8}$$

$$\sigma = \frac{\sigma_1}{2}(1 - \sin\varphi) = c \cos\varphi \tag{9.9}$$

上述公式可以用来验证混凝土抗剪强度的准确性。

9.1.3　混凝土单轴抗压数值试验验证

为验证上述方法测得的混凝土剪切强度指标的准确性，采用极限分析法中的超载法，假定混凝土试样强度参数不变，通过逐级超载试样所受荷载，寻求试样的极限荷载，并结合有限差分软件 FLAC3D 进行数值验算。通过比较数值验算的极限荷载与试验混凝土强度等级，从而判断试验剪切指标的准确性。

模型按《混凝土结构设计规范》要求，取为边长 150mm 的立方体，模型底面施加约束，顶面为自由面，施加竖直向下的均布荷载，如图 9.2 所示。按照极限分析理论，求解强度问题时，可将混凝土模型视为理想弹塑性材料，采用理想弹塑性本构模型和莫尔—库仑屈服准则。

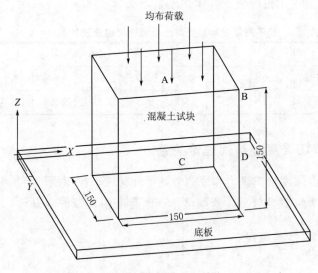

图 9.2　混凝土验证模型（单位：mm）

模型分别模拟验证了 C20～C60 等不同强度等级混凝土的剪切强度指标，模型的剪切强度指标 c、φ 值采用表 9.2 中的试验平均值，弹性模量 E' 泊松比 μ 和重度 γ 按《混凝土

结构设计规范》（GB 50010—2010）取值，如表 9.3 所示。

表 9.3　　　　　　　　　　混凝土模型力学参数

混凝土强度等级	c/MPa	φ/(°)	E/GPa	μ	γ/(kN/m³)
C20	2.6	60.9	25.5	0.2	2500
C25	3.2	61.3	28.0	0.2	2500
C30	3.9	61.8	30.0	0.2	2500
C35	4.5	62.2	31.5	0.2	2500
C40	5.1	62.5	32.5	0.2	2500
C45	5.6	62.7	33.5	0.2	2500
C50	6.1	62.9	34.5	0.2	2500
C55	6.6	63.1	35.5	0.2	2500
C60	7.2	63.3	36.0	0.2	2500

通过不加法向压力的直剪试验可以得到 c 值，并可由此求出 φ 值。如果已知混凝土的抗剪强度与抗压强度，也可采用上述公式验证剪切强度的准确性。验证计算过程中不断增加轴向荷载，直至模型达到破坏极限状态。破坏极限状态时的荷载为极限荷载，若计算的极限荷载与试验时的混凝土抗压强度相近，表明本文提出的混凝土抗剪强度指标是合理的。

以 C25 强度等级混凝土的位移突变判据为例，分别取不同监测点的位移变化，如受载面中心点 A 点 z 向，角点 B 点 z 向，角点 B 点 y 向，侧面中心点 C 点 y 向，侧边中点 D 点 y 向，具体分布如图 9.2 所示。极限荷载时和破坏时的位移时程曲线如图 9.3 所示。

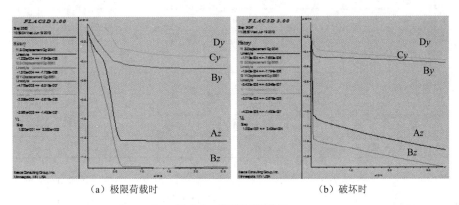

（a）极限荷载时　　　　　　　　　　（b）破坏时

图 9.3　位移时程曲线

图 9.3(a) 为荷载 25.01MPa 时监测点的位移变化，位移时程曲线明显呈水平直线，表明计算收敛；而图 9.3(b) 为荷载 25.02MPa 时监测点的位移变化，曲线呈持续增大趋势，表明计算不收敛。由此判断 25.01MPa 为试样的极限荷载。

利用 9.1.2 节中的理论公式与 9.1.3 节中的数值方法对上述试验结果进行验证。表 9.4 给出不同强度等级混凝土的理论 c、φ 值和数值验证结果。表 9.5 列出了用两种方法得到的混凝土抗压强度中黏聚力与摩擦力的贡献率。

表 9.4　　　　　　　　　　　不同强度等级混凝土抗剪强度验证

混凝土强度等级（即试验值）	c/MPa	φ/(°)	极 限 荷 载		理论解与数值解误差/%
			理论解/MPa	数值解/MPa	
C20	2.6	60.1	20.03	20.03	0.0000
C25	3.2	61.3	25.02	25.01	0.0278
C30	3.9	61.8	31.05	31.05	0.0100
C35	4.5	62.2	36.37	36.36	0.0201
C40	5.1	62.5	41.68	41.68	0.0095
C45	5.6	62.7	46.12	46.13	0.0236
C50	6.1	62.9	50.62	50.61	0.0237
C55	6.6	63.1	55.19	55.19	0.0074
C60	7.2	63.3	60.68	60.67	0.0160

表 9.4 中数值解与理论解验证十分一致，误差在 0.04% 以内，与试验值接近，符合测试规程要求。这表明室内试验得出的不同强度等级混凝土的抗剪强度是准确可靠的。由此可以进一步确定直剪试验与单轴抗压试验结合的室内混凝土剪切试验方法。

表 9.5　　　　　　不同强度等级混凝土抗剪强度中黏聚力与摩擦力的贡献率　　　　　　单位：MPa

混凝土强度等级	抗 压 强 度		抗 剪 强 度		黏 聚 力			摩 擦 力		
	理论	数值	理论	数值	理论	数值	贡献率	理论	数值	贡献率
C20	20.03	20.03	4.87	4.87	2.60	2.60	0.53	2.27	2.27	0.47
C25	25.02	25.01	6.01	6.01	3.20	3.20	0.53	2.81	2.81	0.47
C30	31.05	31.05	7.34	7.34	3.90	3.90	0.53	3.44	3.44	0.47
C35	36.37	36.36	8.48	8.48	4.50	4.50	0.53	3.98	3.98	0.47
C40	41.68	41.68	9.62	9.62	5.10	5.10	0.53	4.52	4.52	0.47
C45	46.12	46.13	10.58	10.58	5.60	5.60	0.53	4.98	4.98	0.47
C50	50.62	50.61	11.53	11.53	6.10	6.10	0.53	5.43	5.43	0.47
C55	55.19	55.19	12.48	12.48	6.60	6.60	0.53	5.89	5.89	0.47
C60	60.68	60.67	13.63	13.63	7.20	7.20	0.53	6.43	6.43	0.47

由表 9.5 可见，摩擦力部分占抗剪强度的 47%，黏聚力部分占抗剪强度的 53%，式 (9.7) 可以证明表 9.5 中结果的准确性。可见，混凝土抗压强度中确实存在摩擦强度。

9.1.4　混凝土抗剪强度的标准值与设计值

如表 9.1 所示，不同强度等级混凝土的抗剪强度设计值是依据试验值结合经验确定的。为获得更为准确的混凝土抗剪强度标准值与设计值，还可利用混凝土规范给定的抗压强度标准值与设计值，通过换算得到不同强度等级混凝土抗剪强度的标准值与设计值。

其具体操作过程是先将抗剪强度折减，再用折减后的抗剪强度按式（9.7）算出轴向压力，若结果非常接近规范给定的抗压强度标准值或设计值时，就可按此折减系数对 c 与 $\tan\varphi$ 按同一比例进行折减，从而得到折减后的 c、φ 值，即为要求的抗剪强度标准值或设计值，最后通过试件的数值模拟验证标准值或设计值的准确性。不同强度等级混凝土抗剪强度标准值与设计值见表 9.6 与表 9.7。

表 9.6 不同强度等级混凝土抗剪强度标准值

混凝土强度等级	剪切强度试验实测值		规范抗压强度标准值/MPa	折减值	折减后抗压强度标准值/MPa	剪切强度标准值		数值抗压强度标准值/MPa
	c/MPa	φ/(°)				c/MPa	φ/(°)	
C20	2.6	60.1	13.4	1.242	13.42	2.09	55.34	13.39
C25	3.2	61.3	16.7	1.243	16.72	2.57	55.76	16.68
C30	3.9	61.8	20.1	1.266	20.12	3.08	55.94	20.11
C35	4.5	62.2	23.4	1.267	23.42	3.55	56.26	23.41
C40	5.1	62.5	26.8	1.267	26.83	4.03	56.59	26.86
C45	5.6	62.7	29.6	1.268	29.63	4.42	56.80	29.65
C50	6.1	62.9	32.4	1.270	32.41	4.80	56.98	32.39
C55	6.6	63.1	35.5	1.266	35.53	5.21	57.29	35.51
C60	7.2	63.3	38.5	1.275	38.54	5.65	57.33	38.56

对比表 9.6 与表 9.7，数值计算抗压强度标准值与折减后抗压强度标准值非常接近，表明换算后的抗剪强度标准值是正确的。应当说明的是，表 9.6 与表 9.7 中折减系数稍有不同，这是由两者的试验实测抗压强度与试验名义抗压强度之间的差异引起的。

表 9.7 不同强度等级混凝土抗剪强度设计值

混凝土强度等级	剪切强度试验实测值		规范抗压强度标准值/MPa	折减值	折减后抗压强度标准值/MPa	剪切强度标准值		数值抗压强度标准值/MPa
	c/MPa	φ/(°)				c/MPa	φ/(°)	
C20	2.6	60.1	9.6	1.495	9.62	1.74	50.24	9.61
C25	3.2	61.3	11.9	1.5	11.9	2.13	50.61	11.91
C30	3.9	61.8	14.32	1.529	14.31	2.55	50.77	14.32
C35	4.5	62.2	16.7	1.526	16.74	2.95	51.18	16.74
C40	5.1	62.5	19.1	1.528	19.13	3.34	51.50	19.12
C45	5.6	62.7	21.1	1.529	21.11	3.66	51.72	21.09
C50	6.1	62.9	23.1	1.53	23.12	3.99	51.94	23.13
C55	6.6	63.1	25.3	1.525	25.33	4.33	52.27	25.34
C60	7.2	63.3	27.5	1.534	27.53	4.69	52.35	27.51

为了验证抗剪强度设计值，还可将抗压强度、抗剪强度的设计值分别代入式（9.7），公式左面与右面基本相同，其误差小于 1%，进一步表明给出的抗剪强度设计值是正确的。

同时还可看出抗压强度标准值和设计值相差 1.4 倍，而抗剪强度 c、$\tan\varphi$ 的标准值与设计值相差 1.2 倍。

鉴于 C25 混凝土抗压强度的试验实测值与试验名义值十分接近，由表 9.6 可知，此时试验值与标准值相差 1.25 倍（误差 1% 以内），按此就可算出立方体抗剪强度的试验名义值。表 9.7 给出不同强度等级混凝土的立方体抗剪强度试验名义值，它与混凝土抗压强度的名义值相对应。

9.2　地下工程围岩支护设计计算方法研究

9.2.1　地铁隧道工程设计原则

（1）地铁隧道工程设计计算必须满足现代围岩压力理论与支护原理，科学合理的设计才能确保隧道施工期与运行期的安全。现代围岩压力理论与支护原理将围岩与支护结构看作两种材料组成的复合体。充分发挥支护材料承载能力的同时，也要发挥围岩的承载能力，允许围岩进入一定程度的塑性，最大限度地发挥围岩的自承力；同时又要防止围岩塑性变形过大而进入松动状态，从而确保围岩的稳定可靠。

（2）当前部分工程设计、施工人员过于重视二衬而忽略初衬，甚至认为初衬只是临时支护，从而导致初衬设计、施工不当，同时缺少初衬支护后围岩安全性的定量评估。因此，需要对初衬后围岩安全系数提出一定的要求，从而确保初衬及施工的安全。由此，依据相关工程经验，建议地铁工程初衬后区间隧道围岩的安全度不小于 1.2，地铁车站隧道不小于 1.25，对于重要工程或特大跨度工程还应适当提高。

（3）依据不同工程地质条件，建立符合隧道实际受力情况的隧道设计计算模型。简单地采用一种计算模型必然会导致计算结果与实际受力情况脱节，降低了设计的科学性与可靠性。衬砌结构计算模型中，初衬受力和变形必然进入塑性，因而必须将初衬混凝土视作塑性材料，改变当前按弹性理论计算的理念，采用塑性理论计算。为增大衬砌结构的安全度并防止隧道结构有过大变形，从而让二衬只承受少量围岩压力，一般规定围岩压力释放 90% 后才施作二衬，此时将二衬视作弹性结构计算与检验。

（4）为确保隧道设计计算的科学性，除采用合理的计算模型、计算方法外，还要保证选用的计算参数准确可靠。尤其是施作初衬与二衬时围岩荷载释放量、围岩原岩应力、强度参数以及初衬混凝土的抗剪强度参数等，必须尽量准确可靠。

9.2.2　围岩荷载释放量的确定

工程开挖后，岩土体因卸荷产生变形而导致围岩应力释放，从而导致隧道周边节点力比未释放时小，此过程中的围岩周边节点力减小比率称为应力释放率。实际中应力释放率是一个重要的设计参数，它与时空效应有关，通常采用三维有限元计算确定。一般开挖面上有 30% 左右的应力释放，目前有些工程初衬前按 30% 释放率计算，有的考虑开挖过程按 50% 计算。对于土体，还要考虑时间效应，如黄土隧道可按 40% 释放率计算。如何准确确定应力释放率，目前还是难题。对于二衬支护前荷载的释放率，规范一般要求应力释放90％后施加二衬，此时围岩已基本稳定，故通常二衬前围岩释放率取90％。

9.2.3 深浅埋隧道分界标准研究

埋深是影响隧道稳定性的重要因素之一，对判断隧道结构所受围岩压力性质以及结构设计至关重要。埋深不同，隧道要采用不同的支护形式及施工方法。岩石隧道深浅埋分界十分复杂，除与岩石强度和岩体完整性及隧道尺寸有关外，还要考虑岩体中不稳定岩块可能塌落的影响，以及上覆岩层地质构造、结构面状态、水能否渗入岩体等的影响。下面从传统的深浅埋分界方法及弹塑性理论方法来研究深浅埋分界标准。

1. 传统深浅埋分界方法

《公路隧道设计规范》（JTGD 70—2004）中依据深埋洞室形成压力拱的高度，乘以安全系数来确定深、浅埋的分界标准。

对于Ⅰ～Ⅲ级围岩

$$H_P = 2h$$

Ⅳ～Ⅴ级围岩

$$H_P = 2.5h$$

其中

$$h = 0.45 \times 2^{s-1} w \tag{9.10}$$

$$w = 1 + i(B - 5) \tag{9.11}$$

式中：H_P 为浅埋隧洞分界深度，m；h 为普氏压力拱高度，m；s 为围岩级别；w 为宽度影响系数；B 为隧道宽度，m，$B < 5$m 时取 $i = 0.2$，$B > 5$m 时取 $i = 0.1$。

尽管这种分级标准实际上是经验性的，但这种方法应用多年，作为经验还是可取的，尤其是它考虑到不同围岩级别的压力拱高也不同，优质岩体压力拱高小，劣质岩体压力拱高大，这完全符合实际情况。但是这一分界标准要求围岩是稳定的，Ⅰ～Ⅲ级围岩和小跨度隧洞可以自稳，可被实际采用；而Ⅳ～Ⅴ级围岩和大跨度隧洞则没有自稳能力，难以确定压力拱高。故这一标准对于能够自稳的岩体，作为经验是可以采用的。

以重庆某地铁车站为例，隧洞跨度21m，Ⅲ级围岩，埋深30m，按上述方式计算围岩压力拱高4.68m，深、浅埋分界线高度为9.36m，是可以参考应用的。

2. 按弹塑性理论确定分界标准

传统的浅埋隧道是基于松散体理论来确定深浅埋分界标准和松散压力的，但当前隧道施工条件已有了重大改变，施工中围岩与衬砌紧密接触，一般不会产生松散压力，围岩压力主要是形变压力，因而可按弹塑性理论进行计算，其计算一般采用数值方法，当埋深较小时，破坏出现在隧道顶部，而当埋深较大时，破坏出现在隧道两侧，以此划分深、浅埋分界高度。

以上述重庆某地铁车站隧道为例，计算结果见图9.4。

当埋深为 6m、10m、11m 时，围岩安全系数分别为 2.22、2.06、2.04，围岩破坏的塑性区主要在拱顶；12m 时，围岩安全系数为 2.01，拱顶塑性区开始与地表塑性区脱离，主要塑性区出现拱顶转移至两侧的趋势；14m 时，围岩安全系数为 1.97，已与地表塑性

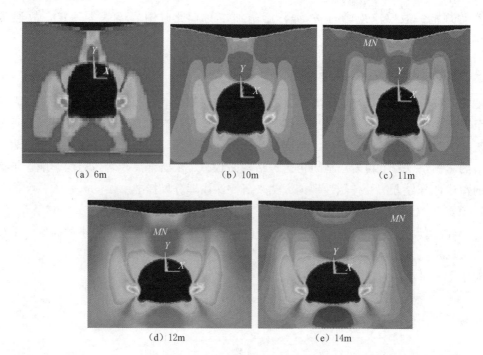

（a）6m　　　　　　（b）10m　　　　　　（c）11m

（d）12m　　　　　　（e）14m

图 9.4　埋深变化对塑性区的影响

区完全脱离，围岩破坏转移至两侧，因而可把 14m 作为该隧道深、浅埋的分界标准，即拱顶至地表的距离大于 2/3 跨度时，洞顶破坏转为两侧破坏。依据计算经验，10～20m 跨度的地下工程的深、浅埋分界标准约在跨度的 3/4～2/3。但应注意，此时围岩处于破坏状态，相当于处于Ⅳ级、Ⅴ级围岩，因而这种分级方法不适用于Ⅰ～Ⅲ级围岩，只适用于Ⅳ级、Ⅴ级围岩。

　　3. 按围岩毛洞自承力确定分界标准

　　深埋隧道有一定的自稳能力，而浅埋隧道则不具有自稳能力，以安全系数定量描述围岩毛洞的稳定性，从而可以确定深、浅埋的分界标准。

　　以重庆地铁某车站为例，Ⅲ级围岩毛洞的安全系数为 1.7，初衬后达到 2.03。通常认为Ⅲ级围岩属于基本稳定，安全系数大于 1.50。因而当毛洞安全系数大于 1.50 时，即可认为围岩可以自承，此时可以按深埋计算。

　　深、浅埋分界标准确定过程中，尤其要注意Ⅳ级、Ⅴ级岩体的现场环境，破碎、裂隙多，隧道上部岩体若存在近似垂直的软弱节理面，同时又有水渗入岩层，隧道上部岩体塌落高度会很高，甚至直接引起地面沉降。因此深、浅埋分界标准的确定更多地适用于Ⅲ类以上围岩，Ⅳ类、Ⅴ类围岩分界标准确定过程中要结合工程与岩体构造特性进行分析。

9.2.4　考虑应力释放的围岩安全系数研究

　　应力释放的现有计算方法主要有反转应力释放法、基于不平衡力的应力释放法和增量应力释放法等。以反转应力释放法为例，通过计算开挖临空面上的节点荷载，再通过比例系数控制反向施加的节点荷载的大小来达到应力释放的目的。

　　其实现过程是：第一步计算模型在自重作用下达到平衡，开挖隧洞提取洞周节点不平衡力；第二步通过比例系数控制反向施加的虚拟支撑力的大小来达到应力释放，并计算达到稳定状态；第三步移除虚拟支撑力，然后施加初衬，计算直到平衡结束，获得应力释放后围岩和初衬的相互作用力，如图9.5所示。

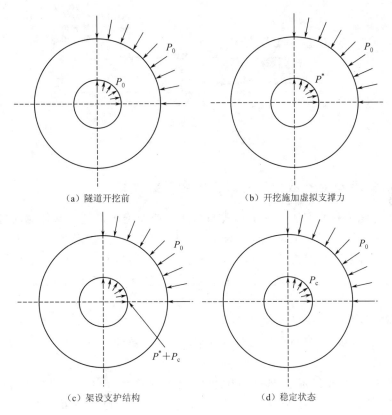

（a）隧道开挖前　　　　　　　　　　　（b）开挖施加虚拟支撑力

（c）架设支护结构　　　　　　　　　　　（d）稳定状态

图9.5　反转应力释放法示意图

P_0—自重应力；P^*—施加的虚拟支撑力；P_c—初衬对围岩的支撑力

　　围岩应力释放对初衬荷载的影响如图9.6所示。不同应力释放率下初衬特征曲线形状相同，应力释放率在 $0 \sim 60\%$ 之间时，支护曲线与围岩特征曲线相交于同一点，支撑力等于极限承载值137kPa。支护时机不同，围岩与初衬特征线交点不同，相应的初衬对围岩的支撑力 P_c 也不同。由此可见，围岩应力释放率不同会改变初衬受力。

　　在上述分析前提下，计算考虑应力释放的围岩安全系数的具体过程如下：

　　（1）自重条件下计算模型至平衡，开挖隧洞提取洞周节点不平衡力。

　　（2）依据应力释放得到比例系数，从而控制反向施加的虚拟支撑力的大小，移除虚拟支撑力，然后施加初衬，计算模型的安全系数。

　　（3）在施加初衬后，继续施加一定比例的虚拟支撑力，计算后，移除虚拟支撑力，然后施加二衬，计算模型的安全系数。

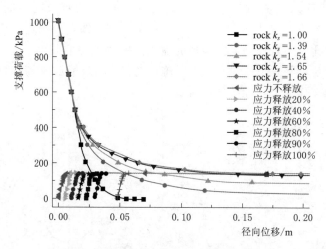

图 9.6　围岩应力释放对初衬荷载的影响

9.2.5　围岩稳定安全系数与二衬结构安全系数计算

初期支护与施工开挖方法、支护形式与尺寸、辅助施工措施、施作时间等密切相关，很难通过计算来保证施工安全，因而结合上述分析，在初期支护形成后将围岩和衬砌看作一个整体，采用有限元强度折减法对围岩的安全系数进行验算。依据相关经验，初步规定围岩荷载释放 50% 后，施加初期支护，初衬后围岩应具有 1.25 以上的安全系数，以确保施工安全。

通常荷载释放 90% 后，方可施作二次支护，二衬按弹性构件计算，采用有限元法计算二衬结构的弯矩、轴力、偏心距和安全系数等，安全系数计算方法与《混凝土结构设计规范》中要求一致。

同时依据相应工程经验，二衬后围岩安全系数应大于 1.40。二衬结构本身的抗压安全系数应满足现行规范要求；对于无抗裂要求的抗拉安全系数应大于 1.40。由于隧道工程中二衬结构形状不够合理，常在个别点出现应力集中，导致偏心距大于 0.5h，安全系数应按抗拉计算，此时安全系数急剧降低难以满足规范要求，因而文中暂时规定将设计安全系数降低为 1.40。当然，安全系数的取值还有待积累更多的工程经验后确定。

9.3　工　程　应　用

目前地铁工程中无论围岩等级如何，通常采用相同的衬砌厚度，以致高等级围岩安全系数过高，造成严重浪费；而低等级围岩则有可能安全系数不足，尤其是初衬安全系数不足。正如部分隧道初衬后，施工期出现严重垮塌等工程事故，进一步验证了这一点。

因此，以青岛地铁与重庆地铁车站工程为例进行了计算，反映当前衬砌设计中存在的这种状况，同时借此向有关设计部门建议，在保证围岩稳定性的前提下，在高等级围岩中适当减少衬砌厚度，而在低等级围岩中适当增加初衬厚度。

9.3.1 重庆地铁工程计算

1. 重庆地铁车站工程模型

重庆轨道交通一号线某车站隧道开挖宽度 20.9m，高度 17.7m；车站覆盖层厚度 8.45～17.1m，洞顶中等风化岩层厚度 5.2～13.8m，鉴于个别部位埋深较大，模型埋深取 30m 进行计算；地面无大型建筑，依据规范模型简化地表载荷为 20kPa。隧道围岩 Ⅲ～Ⅴ级，初衬厚度为 0.35m，二衬厚度为 0.80m（拱顶）。具体模型如图 9.7 所示。

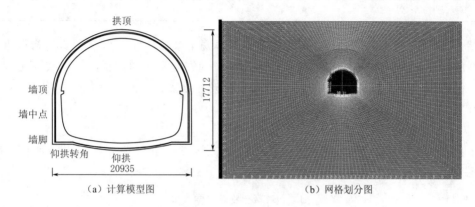

（a）计算模型图   （b）网格划分图

图 9.7　重庆某车站隧洞（单位：mm）

以该地铁车站为例，分别计算初衬后围岩安全系数和二衬结构安全系数。

初衬后围岩安全系数计算：隧洞开挖后，围岩释放 35％的应力，施工初期支护直至计算完成，强度折减得到初衬后围岩安全系数，由 9.2.5 节确定最低安全系数需达到 1.25。二衬结构安全系数计算：隧洞开挖后，围岩释放 35％的应力，然后施工厚度 35cm 的初衬，继续释放 55％的应力，施作二衬，直到计算完成，进而得到二衬结构的安全系数，二衬结构偏心受压控制时，安全系数按规范取 2.0。偏心受拉控制时取 1.4。

2. 设计院参数计算

根据相关勘查报告，Ⅳ级围岩物理力学参数取值见表 9.8，衬砌结构物理力学参数如表 9.9 所示。

表 9.8　　　　　　　　　　　　　Ⅳ级围岩物理力学参数

围　岩	密度/(kg/m³)	弹性模量/MPa	泊松比	黏聚力/MPa	内摩擦角/(°)
砂质泥岩	2560	1706	0.38	0.912	33.8

表 9.9　　　　　　　　　　　　　衬砌结构物理力学参数

衬　砌	混凝土	密度/(kg/m³)	弹性模量/MPa	泊松比	黏聚力/MPa	内摩擦角/(°)
初衬	C25	2500	28000	0.2	2.1	52
二衬	C30	2500	30000	0.2	2.6	52.5

依据上述参数对车站进行计算，得到初衬后围岩的安全系数为 3.95，而二衬结构不同部位的安全系数如表 9.10 所示。

表 9.10 二衬结构不同部位的安全系数

结构部位	弯矩/(kN·m)	轴向压力/kN	轴压比	偏心影响系数	安全系数	状态
拱顶	7.28	354	0.0206	1.0000	50.85	受压
墙顶	9.262	507.2	0.0183	1.0000	35.49	受压
墙中点	5.334	541.8	0.0098	1.0000	41.11	受压
墙脚	785	925.5	0.8482	0.2590	13.73	受压
仰拱转角	72.06	286.8	0.2513	0.6143	48.19	受压
仰拱中点	42.38	224	0.1892	0.6545	52.60	受压

结合表 9.10 中的数据分析，初衬后隧洞围岩安全系数达到 3.95，围岩与初衬组合体有很高的安全储备，表 9.10 中二衬结构不同部位的安全系数同样很高，而实际中围岩与结构并没有如此高的安全系数，一方面表明现有设计方案有些保守，另一方面也体现现有围岩级别对应的参数偏高。

3. 改进的围岩分级参数计算

依据表 8.5 给出的车站不同围岩级别对应力学参数进行计算，采用的计算参数如表 9.11 所示。

表 9.11 围岩和混凝土物理力学参数

类 别		弹性模量/GPa	泊 松 比	重度/(kN/m³)	黏聚力/MPa	内摩擦角/(°)
围岩	Ⅲ	10	0.3	2500	0.3	30
	Ⅳ	3	0.35	2400	0.1	25
	Ⅴ	1	0.35	2250	0.07	25
衬砌	C25	28	0.2	2500	2.0	52
	C35	31.5	0.2	2500	2.1	53
	C40	32.5	0.2	2500	3.5	53

为研究衬砌强度、衬砌厚度变化对安全系数的影响，在相同高跨比条件下，改变围岩级别、初衬强度与厚度、二衬强度与厚度之后再进行计算。

Ⅲ级围岩初衬采用 C25 强度混凝土，厚度 25cm 时，计算得到初衬后围岩的安全系数为 2.03；二衬采用 C30 混凝土，厚度变化 50cm（拱顶）时，二衬结构的安全系数如表 9.12 所示。

表 9.12 Ⅲ级围岩二衬结构安全系数

结构部位	弯矩/(kN·m)	轴向压力/kN	轴压比	偏心影响系数	安全系数	状态
拱顶	0.847	78.06	0.0109	1	144.12	受压
墙顶	7.6	326.6	0.0233	1	34.45	受压
墙中点	33.69	331.8	0.1015	0.8724	40.82	受压
墙脚	377.5	550	0.6864	0.3128	24.06	受压
仰拱转角	18.35	67.88	0.2703	0.2652	61.54	受压
仰拱中点	3.223	31.71	0.1016	0.7421	263.27	受压

Ⅳ级围岩初衬采用 C35 强度混凝土，厚度 35cm 时，计算得到初衬后围岩安全系数为 1.30；二衬采用 C30 混凝土，厚度减小为 60cm（拱顶）时，二衬结构安全系数如表 9.13 所示。

表 9.13 Ⅳ级围岩二衬结构安全系数

结构部位	弯矩/(kN·m)	轴向压力/kN	轴压比	偏心影响系数	安全系数	状态
拱顶	1.48	250.2	0.0059	1.0	53.96	受压
墙顶	42.52	392	0.1085	0.7976	27.47	受压
墙中点	50.14	530.9	0.0944	0.9337	32.85	受压
墙脚	1036	791.4	1.3091	—	3.25	受拉
仰拱转角	91.24	240.9	0.3787	0.1595	12.67	受压
仰拱中点	4.839	294.4	0.0164	1.0000	45.86	受压

Ⅴ级围岩初衬采用 C45 强度混凝土，厚度 40cm 时，计算得到初衬后围岩的安全系数为 1.26；二衬采用 C30 混凝土，厚度变为 70cm（拱顶）时，二衬结构安全系数如表 9.14 所示。

表 9.14 Ⅴ级围岩二衬结构安全系数

结构部位	弯矩/(kN·m)	轴向压力/kN	轴压比	偏心影响系数	安全系数	状态
拱顶	6.781	325.9	0.0208	1	48	受压
墙顶	64.29	402	0.1599	0.6762	26	受压
墙中点	111.2	575.7	0.1932	0.7308	27	受压
墙脚	1178	829.1	1.4208	—	3	受拉
仰拱转角	182.5	287.3	0.6352	—	4	受拉
仰拱中点	19.98	236.8	0.0844	0.9225	61	受压

从上述结果可看出，Ⅲ级围岩初衬后围岩安全系数很高；而Ⅳ级、Ⅴ级围岩初衬强度与厚度都提高后，安全系数也只是刚刚达到要求。对于二衬结构安全系数，Ⅲ级围岩下厚度减少 30cm，结构最小安全系数出现在墙脚达到 24.06；Ⅳ级围岩下厚度减少 20cm，结构最小安全系数出现在墙脚达到 3.25；Ⅴ级围岩下厚度减少 10cm，结构最小安全系数出现在墙脚达到 3。这表明减小二衬厚度均可以满足安全要求。

9.3.2 青岛地铁工程计算

1. 青岛地铁车站工程模型

青岛地铁某车站结构跨度 22.5m，高度 18.2m，计算范围横向为 157m，竖向为 110m，埋深取 30m。原设计适用于Ⅲ级围岩，初衬厚度 0.35m，二衬拱顶厚度 0.7m，其余变截面厚度尺寸如图 9.7（a）所示，网格划分如图 9.7（b）所示，初衬混凝土标号 C25，二衬混凝土标号 C30。本文对Ⅲ级、Ⅴ级围岩进行了计算优化。

Ⅱ级、Ⅲ级围岩物理力学参数均采用 7.3 节中围岩分级建议的物理力学参数，计算中取各级围岩的下限值，如表 9.15 所示。Ⅴ级围岩参数由青岛地铁相关部门提供。

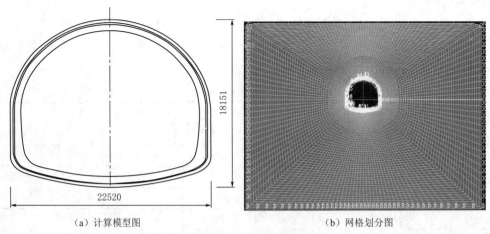

（a）计算模型图　　　　　　　（b）网格划分图

图 9.8　青岛某车站隧洞（单位：mm）

混凝土剪切强度采用 9.1 节给出的抗剪强度参数设计值，采用这一强度是偏于安全的，比较适用于短期内难以达到预定强度的喷射混凝土，而重度、弹性模量与泊松比依据《混凝土结构设计规范》（GB 50010—2010）给出。

表 9.15　　　　　　　　　　　　　　计 算 参 数

类　　别		弹性模量/GPa	泊松比	重度/(kN/m³)	黏聚力/MPa	摩擦角/(°)
围岩	Ⅱ	20.0	0.25	2700	1.30	37.0
	Ⅲ	10.0	0.30	2500	0.30	30.0
	Ⅴ	0.05	0.28	2250	0.035	30.0
衬砌	C25	28.0	0.20	2500	2.10	52.1
	C30	30.0	0.20	2500	2.60	52.5
	C35	31.5	0.20	2500	3.00	53.0

2. 车站模型稳定性分析

（1）初衬后稳定性分析。不同初衬强度、厚度时，围岩释放荷载 50% 后施作初衬，毛洞和初衬后围岩安全系数如表 9.16 所示。

表 9.16　　　　　　　　　安 全 系 数 计 算 结 果

衬　砌	初衬厚度 35cm		初衬厚度 40cm	
	Ⅲ级	Ⅴ级	Ⅲ级	Ⅴ级
毛洞	1.64	0.48	1.64	0.48
C25	1.92	1.17	1.96	1.22
C30	1.98	1.22	2.03	1.28
C35	2.03	1.29	2.08	1.35

由表 9.16 可知，Ⅲ级围岩安全系数均大于 1.25，满足初衬稳定性要求。而Ⅴ级围岩施作不同厚度的混凝土，初衬安全系数分别为 1.17 和 1.22，均未满足稳定性的最高要求。但增加混凝土强度，如初衬混凝土改用 C30 强度，衬砌厚度为 40cm 时，安全系数为 1.28；或者初衬混凝土改用 C35 强度，衬砌厚度为 35cm 时，安全系数为 1.29，均可以满

足围岩稳定性要求，可视具体情况选用。

（2）二衬计算。不同围岩级别下进行结构优化设计，具体结果如表9.17所示。

表 9.17　　　　　　　　　二 衬 结 构 计 算 结 果

围岩级别	方案	初衬厚度/cm	二衬厚度/cm	初衬强度	二衬强度	二衬截面位置	轴力/kN	弯矩/(kN·m)	偏心距/mm	二衬安全系数	二衬安全系数类型
Ⅱ	方案一	35	70	C25	C30	拱顶	208	10.70	51	74.65	抗压
						墙顶	168	3.86	23	106.71	抗压
						墙脚	269	25.70	96	75.81	抗压
						仰拱	113	6.24	55	133.48	抗压
	方案二	35	50	C25	C30	拱顶	114	3.90	34	97.43	抗压
						墙顶	123	1.92	16	109.04	抗压
						墙脚	232	13.50	58	71.55	抗压
						仰拱	85.21	2.94	35	129.62	抗压
	方案三	25	50	C25	C30	拱顶	355	175	490	3.24	抗拉
						墙顶	1310	298	228	6.90	抗拉
						墙脚	1220	960	786	1.97	抗拉
Ⅲ	方案四	35	70	C25	C30	拱顶	144	17.80	124	88.30	抗压
						墙顶	285	47.20	166	45.28	抗压
						墙脚	504	14.20	28	52.23	抗压
						仰拱	168	17.90	106	94.38	抗压
	方案五	35	50	C25	C30	拱顶	133	8.4	63	77.32	抗压
						墙顶	213	26.6	125	44.95	抗压
						墙脚	452	104	229	31.02	抗压
						仰拱	126	10.3	82	60.96	抗压
V	方案六	40	70	C30	C30	拱顶	321	169	528	3.25	抗拉
						墙顶	1170	365	312	3.75	抗拉
						墙脚	1250	1060	849	1.74	抗拉
						仰拱	1100	415	376	1.50	抗拉
	方案七	35	70	C35	C35	拱顶	307	179	584	3.49	抗拉
						墙顶	1110	372	337	3.50	抗压
						墙脚	1150	1110	964	1.92	抗拉
						仰拱	1020	423	416	1.65	抗拉

1）Ⅱ级围岩。方案一的抗压最小安全系数位于拱顶，其值为74.65；方案二的抗压最小安全系数位于墙脚，其值为71.55；方案三的抗拉最小安全系数位于墙脚，其值为1.97。三种方案的结果均大于规范要求的安全系数。

2）Ⅲ级围岩。方案四的二衬结构偏心距小于0.5h，抗压最小安全系数位于墙顶，其值为45.28；方案五抗压最小安全系数位于墙脚，其值为31.02。两种方案的结果均大于规范要求的安全系数。

3）Ⅴ级围岩。方案六和方案七原结构的仰拱曲率为 0.033，修改为计算用曲率 0.049。方案六墙顶抗压安全系数为 3.75，大于规范要求的安全系数，抗拉安全系数最小值位于仰拱处，其值为 1.50；方案七墙顶抗压安全系数为 3.75，抗拉安全系数最小值位于仰拱处，其值为 1.65，均满足结构稳定要求。

若青岛某地铁车站对Ⅱ级、Ⅲ级围岩采用改进后的衬砌厚度，无论是初衬还是二衬，都有很高的安全系数，表明可以减小衬砌厚度。Ⅴ级围岩中二衬维持原有厚度，仍能满足安全系数的要求，原设计厚度是合理的。综上所述，从安全经济的角度来看，二衬厚度不应小于 50cm，同时建议Ⅱ级围岩选用方案三，Ⅲ级围岩选用方案五，Ⅴ级围岩选用方案六或方案七均可。

总体而言，两个地铁车站算例得到的结论是相同的，Ⅲ级围岩即使减少衬砌厚度，围岩仍具有足够的稳定能力，且简单计算成本能降低 20％左右；而Ⅳ级、Ⅴ级围岩初衬厚度或强度尚需适当增加，以确保施工过程中的安全，目前采用的二衬厚度是合理的。

9.4　小　　结

（1）在岩土剪切试验方法原理基础上，依据现有试验设备条件，将混凝土与岩土材料视为摩擦类材料，提出将直剪试验与单轴抗压试验相结合的混凝土剪切试验方法，从而确定不同强度等级混凝土的剪切强度指标 c、φ 值。

（2）结合实例，讨论不同深浅埋分界标准的适用范围；分析应力释放与围岩支护时机之间的关系，并认为围岩荷载释放 50％后，施加初期支护，初衬后围岩应具有 1.25 以上的安全系数，才能保证围岩稳定，同时可以结合结构安全系数进行验证。

（3）依据上述地下工程设计计算方法对重庆地铁、青岛地铁进行实例分析，结果表明Ⅲ级围岩可以适当减少衬砌厚度；而Ⅳ级、Ⅴ级围岩初衬厚度或强度尚需适当增加，目前采用的二衬厚度基本是合理的。

第**10**章 结论与展望

10.1 结　论

岩石卸荷破坏机理的研究，有利于揭示开挖卸荷岩体的破坏机制，发展和完善岩体力学理论，对实际工程有着重大的经济效益和实用意义。本文在查阅国内外有关资料的基础上，以青岛地铁和重庆地铁为研究背景，将大理岩作为研究对象，通过复杂卸荷应力路径下的室内试验研究、数值模拟以及理论分析，主要得到以下结论和成果：

（1）依据实际开挖卸荷工况设计不同路径方案，通过大理岩不同应力路径室内加、卸荷破坏试验，得到岩石的变形特征、强度特征等常规卸荷破坏演化机制，以及卸荷围压、卸荷速率、卸荷应力水平等因素对其的影响，主要表现为以下方面：

1）卸荷路径加快岩样破坏，降低了岩样的承载能力。从相同条件下不同卸荷路径的峰值轴向应变来看，应力加轴压＞位移加轴压＞恒轴压；从峰值轴向应力来看，应力加轴压＞恒轴压＞位移加轴压。

2）从环向应变来看，岩样应力加轴压、卸围压试验对岩样承载力影响最明显；恒轴压、卸围压试验岩样破坏后环向应变降低平缓，其余路径呈突降状态。

3）围压对岩样承载力影响最强的应力路径为应力控制加轴压、卸围压，其次分别为位移控制加轴压、卸围压，常规三轴加荷，最弱的为恒轴压、卸围压。

4）卸荷速率对岩样峰后破坏剧烈影响最明显的应力路径为位移控制加轴压、卸围压，其次分别为应力控制加轴压、卸围压，恒轴压、卸围压。

5）应力控制加轴压、卸围压路径试验时，承载能力峰值附近应变对卸荷应力水平的反应最明显，卸荷水平越高，变化越突然；位移控制加轴压、卸围压路径试验不同卸荷应力水平时承载能力峰值附近应变变化均很突然，恒轴压、卸围压路径试验最平缓。

（2）从应变能角度自编程序分析大理岩卸荷破坏过程中的能量演化规律，得到不同路径破坏的能量演化规律，并进一步得到卸荷初始围压、卸荷速率以及卸荷应力水平等因素对能量演化规律的影响，表现为以下方面：

1）不同应力路径下岩样破坏过程的轴向能量曲线是一条非线性曲线，一开始增长速率较小，随后慢慢增大，达到极值后，增长速率大致稳定，经历了缓慢增长—快速增长—缓慢增长—释放的演化过程。总能量曲线同样呈现非线性增长，一开始增长速率较小，随后慢慢增大，达到峰值后，逐渐减小至稳定，经历了缓慢增长—快速增长—缓慢减小—释放等阶段。应力路径对破坏过程的能量演化影响主要表现在屈服弱化阶段。

2）围压高的岩样消耗更多的能量，轴向能量曲线增长速率增加；岩样消耗能量越多，岩样总能量负向增长越明显。卸荷速率低轴向能量增长速率较高，卸荷点处轴向能量曲线转折更明显；高卸荷速率条件下总能量曲线呈负向增长态势越明显，岩样破坏越剧烈。卸荷水平接近岩样承载能力峰值时，轴向能量增长速率增大，总能量曲线负向增长速率越高，岩样破坏越剧烈。

（3）分析大理岩加、卸荷破坏过程中声发射特征演化规律，采用分形原理自编程序进一步量化声发射特征，得到不同路径破坏的声发射演化规律差异，以及卸荷初始围压、卸荷速率以及卸荷应力水平等因素对其的影响，主要表现在以下方面：

1）不同应力路径试验过程中，岩样的声发射演化规律并不相同，但声发射事件计数率最大值都出现在岩样破坏处。岩样声发射事件在达到最大值前，不同应力路径试验均会出现一段声发射相对平静期。

2）围压越高，岩样的声发射活动水平越高，声发射相对平静期会缩短，声发射事件最大值也增加。卸荷速率越高，相对平静期的振铃计数率越高，持续时间越短；岩样破坏的时间越短，声发射事件的计数率越高。越接近岩样承载力峰值卸荷，岩样破坏前的相对声发射事件平静期持续时间越短；岩样破坏的时间越短，同时声发射事件的振铃计数率越高。

3）岩样试验过程中，声发射分维值会逐渐增加，岩样破坏前存在分维值较低区域；破坏时分维值达到最大。不同路径岩样破坏附近的分维值按大小排序，加轴压、卸围压路径＞恒轴压、卸围压路径＞常规三轴路径。

（4）采用颗粒流方法修改 FISH 语言实现模拟大理岩加、卸荷破坏过程，得到破坏过程中摩擦能、动能、黏结能和应变能等细观能量与应力路径之间的联系，得到破坏过程中细观裂纹数与岩石破坏前兆的关系，以及岩石微观裂纹产生、发展与贯通的过程，主要表现在以下方面：

1）细观参数对材料变形强度的影响。平行黏结弹性模量是宏观弹性模量的主要控制因素，两者之间呈线性关系；泊松比则主要受平行黏结刚度比的影响，呈对数关系；平行黏结法向强度均值与材料的峰值轴向应力呈多项式关系，平行黏结切向强度均值与材料的峰值轴向应力呈对数关系，平行黏结切向强度均值与平行黏结法向强度均值共同作用会改变材料的应力—应变曲线；平行黏结法向（切向）强度均值与其标准差的比值，以及平行黏结法向强度均值与切向强度均值的比值能控制材料的破坏形式，比值较小时试样发生剪切破坏，比值较大时发生共轭破坏；摩擦系数主要影响试样内部压破坏的分析，对拉剪破坏的分布影响不大。

2）在宏—细观参数相关性分析基础上，确定适用于大理岩细观分析的细观参数，经过室内大理岩常规三轴加荷试验以及加轴压、卸围压试验验证，表明宏细观相关性分析及大理岩加、卸荷模拟还是比较可靠的。

3）围压越高，颗粒间储存的能量增多，逐渐成为消耗能量的主体；内部裂纹扩展克服颗粒间黏结破坏的黏结能随围压增加逐渐增大；试样破坏后，围压主要影响颗粒间摩擦滑动引起的摩擦能，进而改变试样的破坏形式。

4）卸荷速率越高，试样内部裂纹发展越不充分，黏结能越少；裂纹进一步扩展导致试样破坏，颗粒间的摩擦作用逐渐发挥主导作用，卸荷速率越高，由此产生的摩擦能水平越高；同时试样破坏时颗粒运动引起的动能越大，并在破坏后维持某水平上下波动。

5）细观声发射事件结果可以进一步验证补充宏观声发射事件的研究。

6）加、卸荷破坏过程都是由压破坏形成贯通剪切面，与拉剪破坏共同作用引起试样破坏。压破坏剪切面都是由破坏面两端向中间发展，逐渐贯通，试样内部主要破坏形式都表征为压力引起的损伤破坏。拉剪破坏伴随压破坏，试样加荷破坏前，主剪切面上拉剪破坏会有集中的趋势，而在破坏后，剪切面上的拉剪破坏会出现减少的趋势，卸荷破坏试验的拉剪破坏比较少，变化趋势不明显。加、卸荷试验承载峰值时，损伤破坏面均初步形成，但没有贯通。卸荷试验的试样内部损伤破坏（拉剪破坏、压破坏）分布要小于加荷试验，但卸荷试验试样破坏更剧烈。

（5）在前人基础上，考虑卸荷过程中细观裂纹的变化，从而建立应力路径与细观裂纹之间的关系，建立卸荷本构模型，并应用到具体工程中，主要表现在以下方面：

1）依据经典强度准则对室内卸荷试验进行拟合分析、位移控制方式试验，不同准则的拟合结果均比较理想，而莫尔-库仑准则拟合室内试验的偏差平方和最小，表明经典强度准则中莫尔-库仑准则相对更适合大理岩在加轴压、卸围压路径下的试验分析。

2）在前人研究的基础上，从断裂力学卸荷会引起裂隙张开的现象出发，将裂隙的开合变化与围岩卸荷路径相结合，建立有效反映岩体的卸荷破坏过程的卸荷强度准则。

3）岩样卸荷破坏过程中，伴随着微裂纹的产生、扩展。在前人研究的基础上，将破坏过程的应变分解为岩样材料自身的应变与原有微裂纹的应变，并且采用复合型强度准则从细观力学角度探讨卸荷过程中岩体损伤局部化问题以及全过程的应力—应变关系。

4）基于上文卸荷试验与理论分析，以具体模型为例，验证卸荷模型是否符合工程实际。

（6）考虑到岩块与岩体之间的差异，针对岩石地铁工程科学划分围岩等级，并通过实例进行验证，得到以下结论：

进一步改进现有分级方法使其更适应岩石地铁工程，降低岩石坚硬程度和岩体完整程度的指标；考虑跨度因素，改进围岩自稳能力的定量指标以及围岩基本质量指标对应的定性特征；考虑跨度因素，改进不同围岩级别对应的物理力学参数。

以重庆地铁为例进行调查分析，表明在保证围岩稳定的前提下，改进标准得到的围岩级别高于国家标准，更适用于工程实际。

（7）从现代支护结构原理出发，将初衬混凝土作为塑性材料分析，研究不同强度等级混凝土的抗剪强度，并由此讨论岩石地铁工程设计计算方法，得到以下结论：

1）依据现有试验设备条件，将混凝土与岩土材料视为摩擦类材料，提出将直剪试验与单轴抗压试验相结合的混凝土的剪切试验方法，从而确定不同强度等级混凝土的剪切强度指标 c、φ 值。

2）结合实例，讨论不同深、浅埋分界标准的适用范围；分析应力释放与围岩支护时机之间的关系，并认为围岩荷载释放 50% 后，施加初期支护，初衬后围岩应具有 1.25 以上的安全系数，才能保证围岩稳定，同时可以结合结构安全系数进行验证。

3）依据上述地下工程设计计算方法对重庆地铁、青岛地铁进行实例分析，结果表明

Ⅲ级围岩可以适当减少衬砌厚度；而Ⅳ级、Ⅴ级围岩初衬厚度或强度尚需适当增加，目前采用的二衬厚度基本是合理的。

10.2　展　　望

岩体自身性质以及卸荷破坏机理的复杂性，使得许多关于卸荷条件下岩体破坏机制的试验与理论研究的问题还有待进一步研究：

（1）本文卸荷破坏机理的研究采用尽量均匀的岩样，而实际工程围岩中，含有大量的天然节理、裂隙，岩体的稳定程度很大程度上取决于它们的分布状况。已有很多专家、学者开展裂隙分布对岩体卸荷破坏机理影响的研究，但结果并不完善，还有待进一步的研究。

（2）工程岩体开挖引起围岩的破坏，不仅仅受卸荷路径的影响，还有围岩所处的地质环境。如深部岩体所处的高温、高压环境，某些地区外部水位变化等。卸荷岩体研究要充分考虑岩体所处的地质环境，考虑应力场、温度场、渗流场等多场耦合作用对卸荷破坏机制的影响。

（3）本文对破裂面粗糙程度、声发射特征进行量化，初步探讨不同卸荷应力路径对两者的影响，由于试验条件限制，试验结果并没有完全达到预期的结果，还有待进一步的详细研究。

（4）卸荷应力路径颗粒流模拟试验，采用 2D 的应力状态，与室内试验、实际工程有着一定的区别，因而采用 3D 数值模拟方法是下一步细观数值模拟研究的方向。

（5）通过损伤力学、断裂力学等理论，分析研究岩体室内和现场卸荷破坏试验；通过研究卸荷岩体内部从损伤累积到断裂扩展的过程，进而揭示岩体宏、细观破坏机制，还需进一步的完善。

（6）岩块与岩体力学性质存在着本质的区别，岩石地下工程设计计算方法在岩石破坏机理的基础上更要结合工程现场经验，才能更加科学、合理。

参 考 文 献

［1］ 佘诗刚，董陇军．从文献统计分析看中国岩石力学进展［J］．岩石力学与工程学报，2013，32（3）：442－464．

［2］ 郑颖人，朱合华，方正昌，等．地下工程围岩稳定分析与设计理论［M］．北京：人民交通出版社，2012：308－330．

［3］ 李志业，曾艳华．地下结构设计原理与方法［M］．成都：西南交通大学出版社，2003：60－65．

［4］ 蔡美峰．岩石力学与工程［M］．北京：科学出版社，2004：129－175．

［5］ 哈秋舲．加载岩体力学与卸荷岩体力学［J］．岩土工程学报，1998，20（1）：114．

［6］ 哈秋舲，李建林．节理岩体卸荷非线性岩体力学［M］．北京：中国建筑工业出版社，1998：40－41．

［7］ 李建林．岩体卸荷力学特性的试验研究［J］．水利水电技术，2001，32（5）：48－51．

［8］ Lau Josep S O，Chandler N A. Innovative laboratory testing［J］. International Journal of Rock Mechanics and Mining Science，2004，41（8）：1427－1445．

［9］ Shimamoto T. Confining pressure reduction experiments［J］. International Journal of Rock Mechanics and Mining Science，1985，22（4）：227－236．

［10］ 尤明庆，华安增．岩石试样的三轴卸围压试验［J］．岩石力学与工程学报，1998，17（1）：24－29．

［11］ 高春玉，徐进，何鹏，等．大理岩加卸载力学特性的研究［J］．岩石力学与工程学报，2005，24（3）：456－460．

［12］ 李宏哲，夏才初，闫子舰，等．锦屏水电站大理岩在高应力条件下的卸荷力学特性研究［J］．岩石力学与工程学报，2007，26（10）：2104－2109．

［13］ 汪斌，朱杰兵，邬爱清，等．锦屏大理岩加、卸载应力路径下力学性质试验研究［J］．岩石力学与工程学报，2008，27（10）：2138－2145．

［14］ 苏承东，李怀珍，张盛，等．应变速率对大理岩力学特性影响的试验研究［J］．岩石力学与工程学报，2013，23（5）：943－950．

［15］ 武尚，刘佑荣，李世佳．三轴压缩条件下灰岩力学特性试验及力学模型研究［J］．长江科学院院报，2013，30（2）：30－34．

［16］ 王鹏，许金余，刘石，等．高温下砂岩动态力学特性研究［J］．兵工学报，2013，34（2）：203－208．

［17］ 魏伟，沈军辉，苗朝，等．风化、蚀变对花岗斑岩物理力学特性影响分析［J］．工程地质学报，2012，20（4）：599－606．

［18］ Crouch S. L. A note on post－failure stress－strain path dependence in norite［J］. International Journal of Rock Mechanics and Mining Science，1972，9（2）：197－204．

［19］ Swanson S. R，Brown W. S. An observation of loading path independence of fracture in rock［J］. International Journal of Rock Mechanics and Mining Science，1971，8（3）：277－231．

［20］ 陈旦熹，戴冠一．三向应力状态下大理岩压缩变形试验研究［J］．岩土力学，1982，3（1）：27－44．

［21］ 吴玉山，李纪鼎．大理岩卸载力学特性研究［J］．岩土力学，1984，5（1）：30－36．

［22］ 许东俊，耿乃光．岩体变形和破坏的各种应力路径［J］．岩土力学，1986，7（2）：17－25．

［23］ 尹光志，李贺，鲜学福，等 . 工程应力变化对岩石强度特性影响的试验研究［J］. 岩土工程学报，1987，9（2）：20 - 27.

［24］ 刘立鹏，汪小刚，贾志欣，等 . 锦屏二级水电站大理岩复杂加卸载应力路径力学特性研究［J］. 岩土力学，2013，34（8）：2287 - 2294.

［25］ 李新平，肖桃李，汪斌，等 . 锦屏二级水电站大理岩不同应力路径下加卸载试验研究［J］. 岩石力学与工程学报，2012，31（5）：882 - 889.

［26］ 韩铁林，陈蕴生，宋勇军，等 . 不同应力路径下砂岩力学特性的试验研究［J］. 岩石力学与工程学报，2012，31（supp.2）：3959 - 3966.

［27］ 陈金锋，徐明，宋二祥，等 . 不同应力路径下石灰岩碎石力学特性的大型三轴试验研究［J］. 工程力学，2012，29（8）：195 - 201.

［28］ 谢和平，彭瑞东，鞠杨 . 岩石变形破坏过程中的能量耗散分析［J］. 岩石力学与工程学报，2004，23（21）：3565 - 3570.

［29］ 谢和平，鞠杨，黎立云 . 基于能量耗散与释放原理的岩石强度与整体破坏准则［J］. 岩石力学与工程学报，2005，24（17）：3003 - 3010.

［30］ 王学滨，潘一山，马瑾 . 剪切带内部应变（率）分析及基于能量准则的失稳判据［J］. 工程力学，2003，20（2）：111 - 115.

［31］ 王学滨 . 基于能量原理的岩样单轴压缩剪切破坏失稳判据［J］. 工程力学，2007，24（1）：153 - 156.

［32］ 高红，郑颖人，冯夏庭 . 岩土材料能量屈服准则研究［J］. 岩石力学与工程学报，2007，26（12）：2437 - 2443.

［33］ LI Q M. Strain energy density failure criterion［J］. International Journal of Solids and Structures，2001，38（38）：6997 - 7013.

［34］ 苏承东，张振华 . 大理岩三轴压缩的塑性变形与能量特征分析［J］. 岩石力学与工程学报，2008，27（2）：273 - 280.

［35］ 尤明庆，华安增 . 岩石试样破坏过程的能量分析［J］. 岩石力学与工程学报，2002，21（6）：778 - 781.

［36］ 张志镇，高峰 . 单轴压缩下红砂岩能量演化试验研究［J］. 岩石力学与工程学报，2012，31（5）：953 - 962.

［37］ 姜永东，郑权，刘浩，等 . 煤与瓦斯突出过程的能量分析［J］. 重庆大学学报（自然科学版），2013，36（7）：98 - 101.

［38］ 尹土兵，李夕兵，叶洲元，等 . 温—压耦合及动力扰动下岩石破碎的能量耗散［J］. 岩石力学与工程学报，2012，32（6）：1197 - 1202.

［39］ 赵闯，武科，李术才，等 . 循环荷载作用下岩石损伤变形与能量特征分析［J］. 岩土工程学报，2013，35（5）：890 - 896.

［40］ 刘天为，何江达，徐文杰 . 大理岩三轴压缩破坏的能量特征分析［J］. 岩土工程学报，2013，35（2）：395 - 400.

［41］ 柴波，殷坤龙，李想 . 巴东组岩石能量耗散规律的实验研究［J］. 工程地质学报，2013，20（6）：1013 - 1019.

［42］ 梁昌玉，李晓，王声星，等 . 岩石单轴压缩应力—应变特征的率相关性及能量机制试验研究［J］. 岩石力学与工程学报，2012，31（9）：1830 - 1838.

［43］ SUJATHAL V，CHANDRA - KISHEN J M. Energy release rate due to friction at biomaterial interface in dams［J］. Journal of Engineering Mechanics，2003，129（7）：793 - 800.

［44］ STEFELER E D，EPSTEIN J S，CONLEY E G. Energy partitioning for crack under remote shear and compression［J］. International Journal of Fracture，2003，120（4）：563 - 580.

［45］ Blake W. Microseismic applications for mining － a practical guide ［R］. United States Bureau of Mines，1982.

［46］ 袁振明，马羽宽，何泽云. 声发射技术及其应用［M］. 北京：机械工业出版社，1985.

［47］ 秦四清，李造鼎，张倬元，等. 岩石声发射技术概论［M］. 成都：西南交通大学出版社，1993.

［48］ Tang C A，Xu X H. Evolution and propagation of material defects and Kaiser effect function［J］. Journal of Seismological Research，1990，13（2）：203 － 213.

［49］ Pestman B J，Munster V J G. An acoustic emission study of damage development and stress － memory effects in sandstone ［J］. Int. J. Rock Mech. Sci. & Geomech. Abstr.，1996，33（6）：585 － 593.

［50］ Mansurov V. A. Acoustic emission from failing rock behavior ［J］. Rock Mechanics and Rock Engineering，1994，27（3）：173 － 182.

［51］ Holcomb D. J，Costin L. S. Detecting damage surfaces in brittle materials using acoustic emissions ［J］. Transactions of the ASME，1986，53：536 － 544.

［52］ 李庶林，尹贤刚，王泳嘉，等. 单轴受压岩石破坏全过程声发射特征研究 ［J］. 岩石力学与工程学报，2004，23（15）：2499 － 2503.

［53］ 付小敏. 典型岩石单轴压缩变形及声发射特性试验研究 ［J］. 成都理工大学学报（自然科学版），2005，32（1）：17 － 21.

［54］ 陈景涛. 岩石变形特征和声发射特征的三轴试验研究 ［J］. 武汉理工大学学报，2008，30（2）：94 － 96.

［55］ Chang S H，Lee C I. Estimation of cracking and damage mechanisms in rock under triaxial compression by moment tensor analysis of acoustic emission ［J］. International Journal of Rock Mechanics and Mining Sciences，2004，41：1069 － 1086.

［56］ 陈忠辉，傅宇方，唐春安. 岩石破裂过程声发射过程的围压效应 ［J］. 岩石力学与工程学报，1997，16（1）：65 － 70.

［57］ 苏承东，高保彬，南华，等. 不同应力路径下煤样变形破坏过程声发射特征的试验研究 ［J］. 岩石力学与工程学报，2009，28（4）：757 － 766.

［58］ 苏承东，翟新献，李宝富，等. 砂岩单三轴压缩过程中声发射特征的试验研究 ［J］. 采矿与安全工程学报，2011，28（2）：225 － 230.

［59］ 吴刚，赵震洋. 不同应力状态下岩石类材料破坏的声发射特性 ［J］. 岩土工程学报，1998，20（2）：82 － 85.

［60］ 张晖辉，颜玉定，余怀忠，等. 循环载荷下大试件岩石破坏声发射试验—岩石破坏前兆的研究 ［J］. 岩石力学与工程学报，2004，23（21）：3621 － 3628.

［61］ 余贤斌，谢强，李心一，等. 直接拉伸、劈裂及单轴压缩试验下岩石的声发射特性 ［J］. 岩石力学与工程学报，2007，26（1）：137 － 142.

［62］ 张黎明，王在泉，石磊，等. 不同应力路径下大理岩破坏过程的声发射特性 ［J］. 岩石力学与工程学报，2012，31（6）：1230 － 1236.

［63］ 姚强岭，李学华，何利辉，等. 单轴压缩下含水砂岩强度损伤及声发射特征 ［J］. 采矿与安全工程学报，2013，30（5）：717 － 722.

［64］ 王晓南，陆菜平，薛俊华，等. 煤岩组合体冲击破坏的声发射及微震效应规律试验研究 ［J］. 岩土力学，2013，34（9）：2569 － 2575.

［65］ 张泽天，刘建锋，王璐，等. 煤的直接拉伸力学特性及声发射特征试验研究 ［J］. 煤炭学报，2013，38（6）：960 － 965.

［66］ 孙强，薛晓辉，朱术云. 岩石脆性破坏临界信息综合识别 ［J］. 固体力学学报，2013，34（3）：311 － 319.

［67］ 尹光志，秦虎，黄滚．不同应力路径下含瓦斯煤岩渗流特性与声发射特征实验研究［J］. 岩石力学与工程学报，2013，32（7）：1315－1320.

［68］ 纪洪广，穆楠楠，张月征．冲击地压事件 AE 与压力耦合前兆特征分析［J］. 煤炭学报，2013，38（supp.1）：1－5.

［69］ 宫宇新，何满潮，汪政红．岩石破坏声发射时频分析算法与瞬时频率前兆研究［J］. 岩石力学与工程学报，2013，32（4）：787－799.

［70］ 孙强，张卫强，薛雷，等．砂岩损伤破坏的声发射准平静期特征分析［J］. 采矿安全与工程学报，2013，30（2）：237－242.

［71］ 吴刚，王德咏，翟松韬．单轴压缩下高温后砂岩的声发射特征［J］. 岩土力学，2012，33（11）：3237－3242.

［72］ 赵伏军，王宏宇，彭云，等．动静组合载荷破岩声发射能量与破岩效果试验研究［J］. 岩石力学与工程学报，2012，31（7）：1363－1368.

［73］ 许江，吴慧，陆丽丰，等．不同含水状态下砂岩剪切过程中声发射特性试验研究［J］. 岩石力学与工程学报，2013，31（5）：914－920.

［74］ 孙强，薛雷，朱术云．砂岩脆性临界破坏声发射信息应力比分析［J］. 岩土力学，2012，33（9）：2575－2580.

［75］ Mandelbrot B. B. How long is the coast of Britain? Statistical self-similarity and fractal dimension ［J］. Science，1967，155：636－638.

［76］ Mandelbrot B. B. The Fractal Geometry of Nature ［M］. W H Freeman，SanFrancisco，1983.

［77］ 谢和平，张永平，宋晓秋，等．分形几何：数学基础与应用［M］. 重庆：重庆大学出版社，1991.

［78］ 谢和平，W G Pariseau. 岩石节理粗糙系数（JRC）的分形估计［J］. 中国科学：B 辑，1994，24（5）：524－530.

［79］ 谢和平．分形几何及其在岩土力学中的应用［J］. 岩土工程学报，1992，14（1）：14－24.

［80］ 高峰，谢和平，巫静波．岩石损伤和破碎相关性的分形分析［J］. 岩石力学与工程学报，1999，18（5）：503－506.

［81］ 刘京红，姜耀东，赵毅鑫，等．基于 CT 图像的岩石破裂过程裂纹分形特征分析［J］. 河北农业大学学报，2011，34（4）：104－107.

［82］ 何满潮，杨国兴，苗金丽，等．岩爆实验碎屑分类及其研究方法［J］. 岩石力学与工程学报，2009，28（8）：1521－1529.

［83］ 李德建，贾雪娜，苗金丽，等．花岗岩岩爆试验碎屑分形特征分析［J］. 岩石力学与工程学报，2010，29（1）：3280－3289.

［84］ 孙洪泉，谢和平．岩石断裂表面的分形模拟［J］. 岩土力学，2008，29（2）：347－352.

［85］ 易成，王长军，张亮，等．基于两体相互作用问题的粗糙表面形貌描述指标系统的研究［J］. 岩石力学与工程学报，2006，25（12）：2481－2492.

［86］ 周宏伟，谢和平，KWASNIEWSKI M. A. 粗糙表面分维计算的立方体覆盖法［J］. 摩擦学学报，2000，20（6）：455－459.

［87］ 张亚衡，周宏伟，谢和平．粗糙表面分维数估算的改进的立方体覆盖法［J］. 岩石力学工程学报，2005，24（17）：3192－3196.

［88］ 孙辅庭，佘成学，蒋庆仁．一种新的岩石节理面三维粗糙度分形描述方法［J］. 岩土力学，2013，34（8）：2238－2248.

［89］ 冯增朝，赵阳升．岩体裂隙分维数与岩体强度的相关性研究［J］. 岩石力学与工程学报，2003，22（supp.1）：2180－2182.

［90］ Feranie S，Fauzi U，Bijaksana S. 3D fractal dimension and flow properties in the pore structure of geological rocks [J]. Fractuals, 2011, 19 (3)：291 - 297.

[91] 李延芥，王耀辉，张梅英. 岩石裂纹的分形特性及岩爆机理研究 [J]. 岩石力学与工程学报，2000，19 (1)：6 - 10.

[92] 黄达，谭清，黄润秋. 高围压卸荷条件下大理岩破碎块度及分形特征及其与能量相关性研究[J]. 岩石力学与工程学报，2012，31 (7)：1380 - 1389.

[93] 易顺民，赵文谦. 单轴压缩条件下三峡坝基岩石破裂的分形特征 [J]. 岩石力学与工程学报，1999，18 (5)：520 - 523.

[94] 易顺民，唐辉明. 三轴压缩条件下三峡坝基岩石破裂的分形特征 [J]. 岩土力学，1999，20 (3)：24 - 28.

[95] 刘京红，姜耀东，祝捷，等. 煤岩单轴压缩声发射试验分形特征分析 [J]. 北京理工大学学报，2013，33 (4)：335 - 338.

[96] 刘京红，姜耀东，赵毅鑫，等. 煤岩破裂过程 CT 图像的分形描述 [J]. 北京理工大学学报，2012，32 (12)：1219 - 1222.

[97] 曹平，宁果果，范祥，等. 不同温度的水岩作用对岩石节理表明形貌特征的影响 [J]. 中南大学学报：自然科学版，2013，44 (4)：1510 - 1516.

[98] 王其胜，李夕兵. 动静组合加载作用下花岗岩破碎的分形特征 [J]. 实验力学，2009，24 (6)：587 - 591.

[99] 单晓云，李占金. 分形理论和岩石破碎的分形研究 [J]. 河北理工学院学报，2003，25 (2)：11 - 17.

[100] 刘石，许金余，白二雷，等. 基于分形理论的岩石冲击破坏研究 [J]. 振动与冲击，2013，32 (5)：163 - 166.

[101] 郑颖人，沈江珠，龚晓南. 岩土塑性力学原理 [M]. 北京：中国建筑工业出版社，2002：1 - 11.

[102] 郑颖人，孔亮. 岩土塑性力学 [M]. 北京：中国建筑工业出版社，2010：1 - 13.

[103] 周小平，张永兴. 卸荷岩体本构理论及其应用 [M]. 北京：科学出版社，2007：1 - 10.

[104] 蔡美峰，何满潮，刘东燕. 岩石力学与工程 [M]. 北京：科学出版社，2002：180 - 219.

[105] 黄达. 大型地下洞室开挖围岩卸荷变形机理及其稳定性研究 [D]. 成都：成都理工大学，2007.

[106] Zienkiewicz O. C. Analysis of non - linear problems in rock mechanics with particular reference to jointed rock systems [M]. Proc. 2nd Int. Cong. on Rock mechanics，1970：501 - 509.

[107] 郑颖人，沈江珠，龚晓南. 岩土塑性力学原理 [M]. 北京：中国建筑工业出版社，2002：174 - 208.

[108] 郑颖人，孔亮. 岩土塑性力学 [M]. 北京：中国建筑工业出版社，2010：227 - 270.

[109] Dawson P. R，Munson D. E. Numerical simulation of creep deformations around a room in a deep potash mine [J]. Int. J. Rock Mech. Min. Sci&Geomech. Abstr，1983，20：33 - 42.

[110] Dragon A，Mroz Z. A model for plastic creep of rock - like materials accounting for the kinetics of fracture. [J]Int. J. Rock Mech. Min. Sci&Geomech. Abstr，1979，16：253 - 259.

[111] Giode G. A finite element solution of non - linear creep problems in rocks [J]. Int. J. Rock Mech. Min. Sci&Geomech. Abstr，1981，18：35 - 46.

[112] Kaiser P. K，Morgenstern N. R. Phenomenological model for rock with time - dependent strength [J]. Int. J. Rock Mech. Min. Sci&Geomech. Abstr，1981，18：153 - 165.

[113] 李新平，朱维申. 多裂隙岩体的损伤断裂分析与工程应用 [J]. 岩土工程学报，1992，14 (2)：1 - 8.

[114] 沈新普，慕容子，徐秉业. 岩土材料弹塑性正交异性损伤耦合本构理论 [J]. 应用数学和力学，2001，22 (9)：927 - 932.

[115] Nemat - Nasser S，Horii H. Compression - induced nonplanar crack extension with application to

splitting, exfoliation and rockburst [J]. Geophy. Res, 1982, 87: 6805 – 6821.

[116] Kawamoto T, Ichikawa Y, Kyoya T. Deformation and fracturing behavior of discontinuous rock-mass and damage mechanics theory [J]. Num. Analy. Geo, 1998, 12: 1 – 30.

[117] Basista M, Gross D. The sliding crack model of brittle deformation: an internal variable approach [J]. Int. J. Solide Struct, 1998, 35 (3): 487 – 509.

[118] Li Shucai, Zhu Weishen, Chen Weizhong, et al. Mechanical model of multi – crack rockmass and its engineering application [J]. Acta Mechanica Sinica, 2000, 16 (3): 357 – 362.

[119] Ravichandran G, Subhash G. A micromechanical model for high strain rate behavior of ceramics [J]. Int. J. Solids Structures, 1995, 32: 2627 – 2646.

[120] Zhou Xiaoping, Ha Qiuling, Zhang Yongxing, et al. Analysis of deformation localization and the complete stress – strain relation for brittle rock subjected to dynamic compressive loads [J]. International Journal of Rock Mechanics & Ming Sciences, 2004, 41 (2): 311 – 319.

[121] 周小平, 哈秋舲, 张永兴. 考虑裂隙间相互作用情况下围压卸荷过程应力应变关系 [J]. 力学季刊, 2002, 23 (2): 227 – 235.

[122] 周小平, 哈秋舲, 张永兴, 等. 峰前围压卸荷条件下岩石的应力-应变全过程分析和变形局部化研究 [J]. 岩石力学与工程学报, 2005, 24 (18): 3236 – 3244.

[123] CAI M, H. Horii. A constitutive model of highly jointed rockmasses [J]. Journal of Mechanics Material, 1992, 13: 217 – 246.

[124] CAI M, KAISER P. K. Assessment of excavation damaged zone using a micromechanics model [J]. Tunnelling and Underground Space Technology, 2005, 20: 301 – 310.

[125] 陈忠辉, 林忠明, 谢和平, 等. 三维应力状态下岩石损伤破坏的卸荷效应 [J]. 煤炭学报, 2004, 29 (1): 31 – 35.

[126] Wu Gang, Zhang Lei. Studying unloading failure characteristics of a rock mass using the disturbed state concept [J]. International Journal of Rock Mechanics and Mining Sciences, 2004, 41 (2A 18): 1 – 7.

[127] 刘恩龙, 沈珠江. 岩土材料不同应力路径下脆性变化的二元介质模拟 [J]. 岩土力学, 2006, 27 (2): 261 – 267.

[128] 颜峰, 姜福兴. 卸荷条件下的裂隙岩体力学特性研究 [J]. 金属矿山, 2008, 6: 36 – 40.

[129] 张明, 王菲, 杨强. 基于三轴压缩试验的岩石统计损伤本构模型 [J]. 岩土工程学报, 2013, 35 (11): 1965 – 1971.

[130] 刘恩龙, 罗开泰, 张树祎. 初始应力各向异性结构性土的二元介质模型 [J]. 岩土力学, 2013, 34 (11): 3103 – 3109.

[131] 卢兴利, 刘泉声, 苏培芳. 考虑扩容碎胀特性的岩石本构模型研究与验证 [J]. 岩石力学与工程学报, 2013, 32 (9): 1886 – 1893.

[132] 杨光华, 姚捷, 温勇. 考虑拟弹性塑性变形的土体弹塑性本构模型 [J]. 岩土工程学报, 2013, 35 (8): 1496 – 1503.

[133] 陈亮, 陈寿根, 张恒, 等. 基于分数阶微积分的非线性黏弹塑性蠕变模型 [J]. 四川大学学报: 工程科学版, 2013, 3: 7 – 11.

[134] 杨光华, 温勇, 钟志辉. 基于广义位势理论的类剑桥模型 [J]. 岩土力学, 2013, 34 (6): 1521 – 1528.

[135] 曹瑞琅, 贺少辉, 韦京, 等. 基于残余强度修正的岩石损伤软化统计本构模型研究 [J]. 岩土力学, 2013, 34 (6): 1652 – 1660.

[136] 谢理想, 赵光明, 孟祥瑞. 软岩及混凝土材料损伤型黏弹性动态本构模型研究 [J]. 岩石力学与工程学报, 2013, 32 (4): 857 – 864.

［137］ 王东，刘长武，王丁，等．基于破坏类型的本溪灰岩本构关系研究［J］．四川大学学报：工程科学版，2013，2：62－67．

［138］ 张振南，葛修润．一种新的岩石多尺度本构模型：增强虚内键模型及其应用［J］．岩石力学与工程学报，2012，31（10）：2037－2041．

［139］ 付金伟，朱维申，王向刚，等．节理岩体裂隙扩展过程一种新改进的弹脆性模拟方法及应用［J］．岩石力学与工程学报，2012，31（10）：2088－2095．

［140］ 袁克阔，陈卫忠，于洪丹，等．考虑黏聚特性和拉压不等效应的修正剑桥模型及数值实现［J］．岩石力学与工程学报，2012，31（8）：1574－1579．

［141］ 袁小平，李波涛，刘红岩，等．基于压缩载荷下微裂纹扩展的微观力学岩石弹塑性损伤模型研究［J］．中南大学学报：自然科学版，2012，43（8）：3200－3208．

［142］ 袁小平，刘红岩，王志乔．单轴压缩非贯通节理岩石尖端塑性区及弹塑性断裂模型研究［J］．岩土力学，2012，33（6）：1679－1688．

［143］ 袁小平，刘红岩，王志乔．基于 Drucker Prager 准则的岩石弹塑性损伤本构模型研究［J］．岩土力学，2012，33（4）：1103－1108．

［144］ 李亚丽，于怀昌，刘汉东．三轴压缩下粉砂质泥岩蠕变本构模型研究［J］．岩土力学，2012，33（7）：2035－2040．

［145］ 宋勇军，雷胜友，韩铁林．一种新的岩石非线性黏弹塑性流变模型［J］．岩土力学，2012，33（7）：2076－2080．

［146］ 曹文贵，赵衡，李翔，等．基于残余强度变形阶段特征的岩石变形全过程统计损伤模拟方法［J］．土木工程学报，2012，45（6）：139－145．

［147］ 张学亮，张会军，徐刚．PFC3D 数值试验及其应用［J］．煤炭技术，2010，29（5）：61－63．

［148］ Potyondy D. O. , Cundall P. A. A bonded－particle model for rock［J］. International Journal of Rock Mechanics and Mining Sciences，2004，41（8）：1329－1364．

［149］ 耿丽，黄志强，苗雨．粗粒土三轴试验的细观模拟［J］．土木工程与管理学报，2011，28（4）：24－29．

［150］ 王光谦，倪晋仁．颗粒流研究评述［J］．力学与实践，1992，14（1）：7－19．

［151］ 杜鹃．二维颗粒流程序 PFC2D 特点及其应用现状综述［J］．安徽建筑工业学院学报，2009，17（5）：68－70．

［152］ 周喻，吴顺川，马聪，等．基于颗粒流理论的露天矿排土场稳定性分析［J］．中国矿业，2010，19（7）：94－101．

［153］ 陈建峰，李辉利，周健．黏性土宏细观参数相关性研究［J］．力学季刊，2010，31（2）：304－309．

［154］ 周健，杨永香，刘洋，等．循环荷载下砂土液化特性颗粒流数值模拟［J］．岩土力学，2009，30（4）：1083－1088．

［155］ 唐洪祥，张兴，管毓辉，等．颗粒材料变形破坏与影响因素细宏观分析［J］．大连理工大学学报，2013，53（4）：543－550．

［156］ 朱焕春．PFC 及其在矿山崩落开采研究中的应用［J］．岩石力学与工程学报，2005，25（9）：1927－1931．

［157］ 徐金明，谢芝蕾，贾海涛．石灰岩细观力学特性的颗粒流模拟［J］．岩土力学，2010，31（2）：390－395．

［158］ 倪小东，王媛，陆宇光．隧洞开挖过程中渗透破坏细观机制研究［J］．岩石力学与工程学报，2010，29（supp.2）：4194－4201．

［159］ 吴顺川，周喻，高利立，等．等效岩体技术在岩体工程中的应用［J］．岩石力学与工程学报，2010，29（7）：1489－1495．

［160］ An B，Tannant D. Discrete element method contact model for dynamic simulation of inelastic rock impact ［J］. Comput. Geosci，2007，33（4）：513 – 521.

［161］ Cai M，Kaiser P. K. ，Martin C. D. Quantification of rock mass damage in underground excavation from microseismic event monitoring ［J］. International Journal of Rock Mechanics and Mining Science，2001，38（8）：1135 – 1145.

［162］ Cai M，Kaiser P. K，Tasaka Y. Peak and residual strengths of jointed rock mass and their determination for engineering design ［J］. Rock Mechanics，2007：259 – 267.

［163］ 刘宁，张春生，褚卫江. 深埋大理岩破裂扩展时间效应的颗粒流模拟 ［J］. 岩石力学与工程学报，2011，12（10）：1989 – 1996.

［164］ 姚涛，任伟，阙坤生，等. 大理岩三轴压缩试验的颗粒流模拟 ［J］. 土工基础，2012，23（2）：70 – 73.

［165］ 孟京，曹平，张科，等. 基于颗粒流的平台圆盘巴西劈裂和岩石抗拉强度 ［J］. 中南大学学报：自然科学版，2013，44（6）：2449 – 2454.

［166］ 余华中，阮怀宁，褚卫江. 岩石节理剪切行为的颗粒流数值模拟 ［J］. 岩石力学与工程学报，2013，32（7）：1482 – 1490.

［167］ 余华中，阮怀宁，褚卫江. 大理岩脆—延—塑转换特性的细观模拟研究 ［J］. 岩石力学与工程学报，2013，32（1）：55 – 64.

［168］ 武军，廖少明，张迪. 基于颗粒流椭球体理论的隧道极限松动区与松动土压力 ［J］. 岩土工程学报，2013，35（4）：714 – 721.

［169］ 刘广，荣冠，彭俊，等. 矿物颗粒形状的岩石力学特性效应分析 ［J］. 岩土工程学报，2013，35（3）：540 – 550.

［170］ 黄达，岑夺丰，黄润秋. 单裂隙砂岩单轴压缩的中等应变率效应颗粒流模拟 ［J］. 岩土力学，2013，34（2）：535 – 545.

［171］ 刘宁，张春生，褚卫江，等. 深埋大理岩脆性破裂细观特征分析 ［J］. 岩石力学与工程学报，2012，31（supp. 2）：3557 – 3565.

［172］ 郑颖人，朱合华，方正昌，等. 地下工程围岩稳定分析与设计理论 ［M］. 北京：人民交通出版社，2012：362 – 430.

［173］ 铁道第二勘察设计院. 铁路隧道设计规范：TB 10003—2005 ［S］. 北京：中国铁道出版社，2005.

［174］ 原国家冶金工业局. 锚杆喷射混凝土支护技术规范：GB 50086—2001 ［S］. 北京：中国计划出版社，2001.

［175］ 重庆交通科研设计院. 公路隧道设计规范：JTGD 70—2004 ［S］. 北京：人民交通出版社，2004.

［176］ 中华人民共和国水利部. 工程岩体分级标准：GB 50218—94 ［S］. 北京：中国计划出版社，1994.

［177］ 陈炜滔，王明年，王玉锁，等. 黏质土隧道围岩分级的指标选取研究 ［J］. 岩土力学，2008，29（4）：901 – 910.

［178］ 陈炜滔，王明年，魏龙海，等. 黏质土围岩分级指标的界限值确定 ［J］. 岩土力学，2008，29（9）：2446 – 2456.

［179］ 李苍松，王石春. 坝陵河大桥西锚洞岩溶围岩分级 ［J］. 岩石力学与工程学报，2009，28（6）：1208 – 1212.

［180］ 沈冬冬. 高地应力围岩分级方法适宜性分析探讨 ［J］. 现代隧道技术，2009，46（6）：43 – 47.

［181］ 梁庆国，李洁，李德武，等. 黄土隧道围岩分级研究的若干问题 ［J］. 岩土工程学报，2011，33（supp. 1）：170 – 176.

［182］ 王明年，魏龙海，李海军，等. 公路隧道围岩亚级物理力学参数研究 ［J］. 岩石力学与工程学报，

2012，27 (11)：2252 - 2259.

[183] 王明年，刘大刚，刘彪，等 . 公路隧道围岩岩质围岩亚级分级方法研究 [J]. 岩土工程学报，2009，31 (10)：1590 - 1594.

[184] 中华人民共和国住房和城乡建设部 . 混凝土结构设计规范：GB 50010—2010 [S]. 北京：中国建筑工业出版社，2011.

[185] 张琦，过镇海 . 混凝土剪切强度和剪切变形的研究 [J]. 建筑结构学报，1992，13 (5)：17 - 24.

[186] 过镇海 . 钢筋混凝土原理 [M]. 北京：清华大学出版社，1999.

[187] 董毓利，张洪源，钟超英 . 混凝土剪切应力—应变曲线的研究 [J]. 力学与实践，1999，(6)：35 - 37.

[188] 马玉平，胡志平，周天华，等 . 混凝土剪切强度参数试验研究 [J]. 混凝土，2009，(9)：40 - 43.

[189] 王明年，郭军，罗禄森，等 . 高速铁路大断面黄土隧道深浅埋分界深度研究 [J]. 岩土力学，2010，31 (4)：1157 - 1162.

[190] 杨建民，喻渝，谭忠盛，等 . 大断面深浅埋黄土隧道围岩压力试验研究 [J]. 铁道工程学报，2009，125 (2)：76 - 79.

[191] 宋玉香，贾晓云，朱永全，等 . 地铁隧道竖向土压力荷载的计算研究 [J]. 岩土力学，2007，28 (10)：2240 - 2244.

[192] 赵占广，谢永利 . 土质隧道深浅埋界定方法研究 [J]. 中国工程科学，2005，7 (10)：84 - 86.

[193] 曲星，李宁 . 松散岩体竖向压力计算方法剖析及隧洞深浅埋划分方法研究 [J]. 岩石力学与工程学报，2011，30 (supp. 1)：2749 - 2757.

[194] 程小虎 . 土质隧道深浅埋分界的理论解析 [J]. 地下空间与工程学报，2012，8 (1)：37 - 42.

[195] 李鸿博，郭小红 . 公路连拱隧道土压力荷载的计算方法研究 [J]. 岩土力学，2009，30 (11)：3429 - 3434.

[196] 吴铭芳，章慧健，仇文革 . 大断面隧道深浅埋划分方法研究 [J]. 现代隧道技术，2010，47 (4)：1 - 5.

[197] 郑颖人，徐浩，王成，等 . 隧洞破坏机理及深浅埋分界标准 [J]. 浙江大学学报 (工学版)，2010，44 (10)：1851 - 1856.

[198] 中华人民共和国电力工业部 . 工程岩体试验方法标准：GB/T 50266—99 [S]. 北京：中国建筑工业出版社，1999，15 - 20.

[199] 长江水利委员会长江科学院 . 水利水电工程岩石试验规程：SL 264—2001 [S]. 北京：中国水利水电出版社，2001：33 - 40.

[200] 长江水利委员会长江科学院 . 水电水利工程岩石试验规程：DL/T 5368—2007 [S]. 北京：中国电力出版社，2007：19 - 30.

[201] Solecki R. Conant R. J. Advanced Mechanics of Materials [M]. London：Oxford University Press，2003：63 - 75.

[202] 蒋宇，葛修润，任建喜 . 岩石疲劳破坏过程中的变形规律及声发射特征 [J]. 岩石力学与工程学报，2004，23 (11)：1810 - 1818.

[203] LI C，NORDLUND E. Experimental verification of the Kaiser effect in rocks [J]. Rock Mechanics and Rock Engineering，1993，26 (4)：331 - 351.

[204] LABUZ J. F，BRIDELL J. M. Reducing frictional constrain in compression testing through lubrication [J]. International Journal of Rock Mechanics and Mining Sciences，1993，30 (4)：451 - 455.

[205] 刘宝县，赵宝云，姜永东 . 单轴压缩煤岩变形损伤及声发射特性研究 [J]. 地下空间与工程学报，2007，3 (4)：647 - 650.

[206] 杨永杰，陈绍杰，韩国栋 . 煤岩压缩破坏过程的声发射试验 [J]. 煤炭学报，2006，31 (5)：

362 – 365.

[207] 曹树刚，刘延保，张立强. 突出煤体变形破坏声发射特征的综合分析 [J]. 岩石力学与工程学报，2007，26（supp. 1）：2794 – 2799.

[208] 谢和平. 分形—岩石力学导论 [M]. 北京：科学出版社，1996：1 – 25.

[209] 朱传镇，安镇文，王林瑛，等. 地震分形特征及其在地震预测中的意义 [J]. 地震研究，1991，14（1）：73 – 88.

[210] 阮吉寿，沈世谥. 弱 Takens 嵌入定理 [J]. 高校应用数学学报（A 辑），2002，17（4）：419 – 424.

[211] Sumarac D，Krajcinovic D A. Self – consistent model for microcrack – weakened solids [J]. Mechanics of Materials，1987，6（1）：39 – 52.

[212] Ju J W. On two – dimensional self – consistent micro mechanical damage model for brittle solids [J]. International Journal of Solids and Structures，1991，27（2）：227 – 258.

[213] 周小平，张永兴，哈秋舲，等. 单轴拉伸条件下细观非均匀性岩石变形局部化分析及其应力—应变全过程研究 [J]. 岩石力学与工程学报，2004，23（1）：1 – 6.

[214] 中国建筑科学研究院. 普通混凝土力学性能试验方法标准：GB/T 50081—2002 [S]. 北京：中国建筑工业出版社，2003.

[215] 中华人民共和国城乡建设环境保护部. 混凝土强度检验评定标准：GB/T 50107—2010 [S]. 北京：中国建筑工业出版社，2010.

[216] 中国建筑科学研究院. 混凝土结构工程施工质量验收规范：GB 50204—2002 [S]. 北京：中国建筑工业出版社，2002.

[217] Iosipescu N. ，Negotia A. A new method for determining the pure shearing strength of concrete [J]. Concrete Journal of the Concrete Society，1969，3（3）：31 – 33.

[218] Bresler B，Pister K S. Strength of concrete under combined stresses [C]. ACI，1958：321 – 346.